世界上的每一隻貓咪，都有他們可愛的地方。

U0029955

本書以阿瑪為主角,介紹奴才們認
識阿瑪的經過,以及整個後宮建立
的過程。

既然是後宮，當然會有一
些小情小愛的片段囉！

三腳♀
Socles（搜可史）♀

想非禮　　　　尊重

阿瑪♂

不和

覺得帥

黃阿瑪的後宮

4

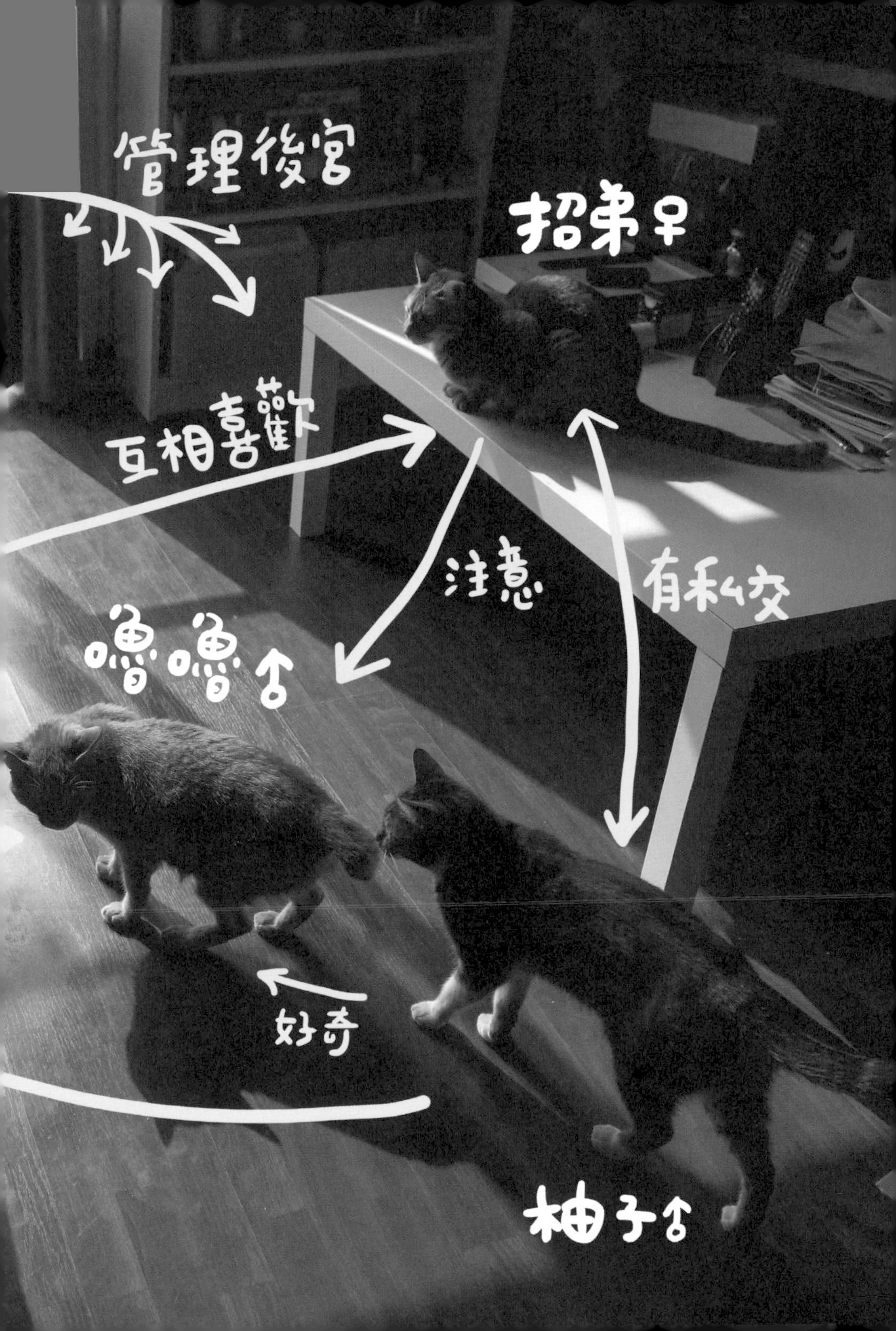
管理後宮
招弟♀
互相喜歡
注意
有私交
嚕嚕♂
好奇
柚子♂

看見朕，還不跪下？

黃阿瑪 米克斯 /mix ♂

| 生日 | 約 2007/01.07 | 位階 | 皇上 |

興趣　睡覺、吃飯、賣賣萌、撒嬌
　　　吃化毛膏、調戲妃子

我最愛阿瑪！

招弟 米克斯 /mix ♀

生日　約 2011/06.01

位階　皇后，阿瑪的第一個女人

興趣　安安靜靜、喜歡陪阿瑪

還不快跟皇上打招呼？

三腳 米克斯 /mix ♀

| 生日 | 約 2007/08.04 | 興趣 | 管理後宮 |

位階　娘娘，阿瑪的第二個女人

後宮㊙大揭秘！

這次特別經過黃阿瑪的允許，做後宮成員大介紹，為
子民揭開後宮的神祕面紗，大解子民們的疑惑，入宮
順序由上而下、由左至右！

Socles.搜可史 米克斯 /mix ♀

嗨！我全黑！

| 生日 | 約 2010/04.20 | 興趣 | 跳躍、爆衝 |

位階 小主，阿瑪最想靠近的女人

嗨！我是嚕嚕

嚕嚕 米克斯 /mix ♂

| 生日 | 約 2007/07.08 | 興趣 | 被摸遍全身 |

位階 試圖篡位的王爺

嗨，我愛姊姊

柚子 米克斯 /mix ♂

| 生日 | 約 2013/09.20 | 位階 | 小王爺 |

興趣 找姊姊玩，調戲女生

浣腸 米克斯 /mix ♂

大家好，我是新來的

| 生日 | 約 2015/04.12 |

位階 皇子 **興趣** 睡在貓砂裡、翻倒水

前言

一開始創粉絲團的動機其實超單純的，就是想把他們的生活記錄下來，不管他們能陪在我們身邊多少年，至少當這些相處的點滴都一一被記錄下來之後，就成為隨時可以翻閱的回憶。隨著粉絲團人數越來越多，皇上的子民遍及海外各地，也開始衍生出很多我們本來沒有預期過的現象。

像是有許多人會請阿瑪幫忙 Po 認養、協尋文，一開始覺得好累。因為每天都有好多好多的訊息等著被分享，但為了怕訊息被洗掉，因此一天不能 po 太多篇，然後有緊急需求的急救文一定要先 po，以達到最好的急救幫助，除此之外，也有些子民反應過，訂閱了粉絲團發文通知，卻常常看到的都不是阿瑪的照片或影片，而覺得有點失望。（因為被認養、協尋文占據了）

雖然我們無法滿足所有的子民需求，但是能夠替阿瑪做這些事情，真的覺得很棒，也很希望能夠藉由阿瑪，來替像他曾經一樣流浪的動物發聲，也為所有的米克斯發聲。

我們和阿瑪每天在做的事情都是很一般的事情，但是這些平凡的小事，是外頭的浪浪和收容所裡即將被安樂死的他們沒有機會享受的幸福。希望看完這本書的你，也都能把「領養代替購買」的訊息傳達給身邊的朋友家人知道，希望能有更多的奴才快快把還在流浪的皇上皇后迎接回宮喔！

奴才 / 志銘

原本只是過年時許的心願，沒想到真的實現了—「希望阿瑪可以出本書」。

我跟志銘是工作室的夥伴，主要工作是在做影像的，時常沒日沒夜的忙，當年的工作熱情隨著時間有逐漸消磨的感覺，有次只是好玩，把平常記錄後宮們的影像，剪成很生活化的娛樂影片，沒想到大家都很喜歡，慢慢的，我們好像有點找回當初製作影像時的感覺，會很興奮的想拍些什麼、想完成一支影片和大家分享，很輕鬆也很開心！

而工作室變成多貓俱樂部大概有四年了吧，一開始也沒想要開粉絲團，直到志銘有次看到朋友開了貓咪粉絲團，也就想試試看，根本沒想到後來會上節目、上電台和出書，這些事情讓我們覺得除了分享後宮貓咪們的療癒照片之外，希望也能發揮後宮們的正面影響力，比如說 Po 領養、協尋文，幫助需要幫助的人，當然也希望能像志銘說的，替流浪動物發聲；所以這本書收錄了後宮貓咪們的背景故事，希望告訴所有的人，即使是流浪動物，經過好好的照顧後也是能很漂亮的，而且每隻動物，只要你肯花時間好好陪伴他、觀察他，你都可以發現他們可愛、迷人的地方噢！比如說阿瑪愛講話，就得多花點時間陪他聊天嘛！

奴才 / 狸貓

推薦序

充滿霸氣和幽默的一國之君

《家有諧星貓：享受呼嚕呼嚕的幸福感》我是白吉｜作者 張角倫（吉麻）

中國史上最後一位皇帝是溥儀，但他萬萬不會想到在這之後，居然出現了一位貓界能力者——黃阿瑪，來自萬睡年間的喵皇帝阿瑪，收服了二十多萬子民的真心（持續累加中）！

曾經流浪在陽明山一段日子的阿瑪，萬幸讓天使奴才們終結流浪生活，這比得到黃金十萬兩還珍貴的緣分，開啟了讓人羨慕的後宮生活，身為一國之君的阿瑪，帶有些許的霸氣和頂級的幽默感，難怪會讓眾多子民們折服於他的肉鬆肚下，更多從未見過的阿瑪和後宮妃子們的身世，讓人忍不住一頭栽入研讀中，從網路得知阿瑪後，便深深為他著迷，尤其是撞頭那招，真的是給奴才們最棒的獎勵～～幻想什麼時候也能讓阿瑪寵幸啊！

在《阿瑪建國史》中奴才們（志銘和狸貓）不僅分享阿瑪有趣的後宮生活，也教導大家和動物生活必須給予愛心和耐心，尤其是多貓家庭中，更需要花時間去觀察協助及順應每隻貓原有的個性，這樣才能皆大歡喜，國運昌隆啊～

近年，以阿貓、阿狗為名義開張的粉絲專頁愈來愈多，代表動物圈備受重視與喜愛，這是個好現象，藉由喜愛的某位明星或是某某阿貓、阿狗的呼籲和分享，可以替更多無助的街貓街狗、流浪貓狗發聲，相對也讓更多人願意去瞭解和愛護動物們！阿瑪的後宮生活，讓我們瞭解，貓貓不只是可愛，更重要的是在他們身上，學習到只要認真付出與關愛，都能讓事情變得更加美好。

謝謝你們！朕愛你們！

同為天涯流浪貓，是英雄重英雄

《解憂貓店長 尖東忌廉哥》｜作者 忌廉哥

大家好！我是來自香港的忌廉哥！正所謂識英雄重英雄，我跟黃阿瑪兩隻分別在台灣、香港的貓咪，同樣試過流浪的生活、同樣遇到充滿愛的主人得到一個家，也同樣在命運驅使下成為了大家口中的「紅貓」、得到大家的認識和寵愛～這次黃兄出書，小弟當然要力挺一下！

每個喵星人獨特的個性，能為大家平凡又緊張的生活帶來不少樂趣，這也是我們的威力所在～而黃兄（黃阿瑪）的魅力就更加不用說了，看他後宮如此熱鬧就略知一二囉！本書收錄了黃兄宮～不少珍貴的照片跟故事，大家要乖乖用心看，也當心被黃兄的帥氣模樣迷倒喔！

黃兄，謝謝你的邀請。有機會碰面就來個 men's talk 吧！祝新書大賣！

PS: 小弟的台灣版寫真書《解臺貓店長 尖東忌廉哥》最近也出版了，大家有機會也請支持一下！:P

每隻街貓，都可能是下一位黃阿瑪

社團法人臺北市支持流浪貓絕育計畫協會 (TNR 協會)

為流浪動物發聲，這是個很棒的想法，非常開心黃阿瑪率領他的奴才們，達成使命。

無意中見過貓友分享阿瑪的影片，讓人驚訝與開心，本書也承襲後宮生活趣事分享的精神，讓人不自覺發出會心微笑，貓咪帶來無法形容的療癒能量，只有愛過貓的人才知道。

黃阿瑪與他的後宮佳麗，都是曾經流浪的貓咪，謝皇上恩典，讓他的奴才得到啟發，讓更多人瞭解貓咪超凡的魅力。請多關懷與您擦身而過的街貓們……不要吝嗇伸出您的援手，他，可能就是下一位黃阿瑪。

▲ Contents

仔細看噢！

後宮的祕密
大公開！

我會好好管理後宮的！

建國史要開始囉!!!

建國史欸！

PART 1

遇見流浪的皇帝！

怕貓的奴才

貓……貓咪是不是很凶呢？

路邊的野貓，對以前的奴才來說是有陰影的。

OK…

奴才真沒用啊!

對於貓咪的愛恨情仇

我還記得小時候是很怕貓的,然而我怕貓的原因,其實有點好笑。

童年時期曾有一段時間跟著家人住在山上的老家,老家常常出現很多野貓,理所當然我就也不怕貓,很常跟他們玩。那時候年紀很小,不懂得貓的習性,也不懂得如何跟貓相處,更不懂得貓咪的地雷。

某次跟貓咪玩耍時,看到貓咪準備要跑,我下意識一把抓住他的尾巴,然後只聽到他怒吼一聲,轉頭張大嘴準備要咬我,我一緊張就把手放開,貓咪就跑開了。那瞬間貓咪張開口像是要把我咬死的表情,我嚇壞了,「我再也不喜歡貓了」的念頭就這樣變成陰影埋在心底。

你不要太靠近我們噢!

奴才:「你們也不要靠近我⋯⋯讓我遠遠看就好~」

奴才去南投遊玩時遇到的雙貓二人組

害怕

雖然是因為自己的白目造成（長大後才理解自己當時的白目），但是有好幾年的時間，我都有點怕貓，看到貓會下意識躲開，也會避免與貓咪的眼神接觸，更別說是要養貓了，根本是從沒想過的事情。

而另一個奴才－狸貓，是我的大學室友。他小時候非常喜歡小鳥，家裡曾經養過好多種鳥，不過有一天外出回家後，發現養在院子裡的鳥全被野貓給吃了，非常傷心。因為這個緣故，那時候他也對貓沒有好感。

對不熟悉的事物感到
抗拒，是因為不了解
而造成的誤會噢！

接受貓咪的轉捩點

直到大學時，因為同學的小套房裡來了隻借住的貓咪橘子，才讓我又再次對貓咪打開心房。橘子長得有點像後來後宮裡的嚕嚕，有點霸氣又親人的個性及可愛模樣，讓我心底又開始對貓咪這種生物產生好奇心，也開始覺得，貓咪其實也沒像印象中那樣恐怖的嘛。

喔一

這邊朕記得喔！

或許是命中注定，經過了幾年的歲月之後，我們都各自遇到了不同的幾隻貓咪，慢慢才又發現貓咪可愛的那一面，也許是因為這些過程，才會讓阿瑪出現並且決定要進入我們的生命時，變得那麼理所當然。

好興奮啊！
朕要登場了！
朕要登場了！
朕要登場了！

遇見阿瑪，對奴才來說是個不可思議
的過程，接下來讓我們一起見證這奇
蹟的故事吧，準備好囉！開始！

遇見黃阿瑪 2009/01.07 臺北陽明山

奴才：「和阿瑪的初次見面，阿瑪正在整理儀容～」
阿瑪：「拍一張照要付一個罐頭喔，不然就把朕帶走。」

終於撿到奴才了！

流浪的阿瑪非常會撒嬌

大三時，幾個朋友租屋在學校附近的地下室小雅房。因為是雅房，室友見面的機會比較多，也因此大家比較熟悉，時常聚在一起聊天說笑。

某天放學回家時，我在一樓走廊遇到了一隻奶油胖貓，一開始還有點緊張的想要繞路遠離他，沒想到他一看到有人，就邊叫邊跑向我而來，完全像狗一樣的向我撒嬌。

在那一瞬間，我突然覺得貓咪有點萌，接著他繼續對著我叫，好像在哀求我給他食物一般，於是我走向便利商店，買了一個貓咪罐頭（他甚至跟著我走進便利商店，像是在監督我不准我落跑的樣子），我在那看著他似乎是餓了好一陣子，因為大概不到三秒他就吞完整個罐頭，心裡面突然覺得酸了一下，這麼可愛的小貓咪，這麼親人，不知道是走失了還是被拋棄了。

身材好，怎麼跑都ＯＫ！

阿瑪穿梭在租屋處的廢棄家具裡

撒嬌是門功夫

我摸摸他的頭，他也打量著我全身上下，接著用他的圓眼睛盯著我看，一邊叫著，好像在跟我說他沒有家，又冷又餓之類的。我摸摸他的頭、他的下巴、他的全身，然後他用盡全身的力量撞我的腳，看我準備要站起來，還直接倒地露出肚肚想要我留下，我走進地下室，他也跟著我走下樓，等到我走到房門口再轉頭，才發現他沒跟過來，仔細一看，發現他竟然在喝廁所的馬桶水，我一時心急，想要衝過去阻止他，要他別喝那邊的水，也許是以為我要攻擊他，一緊張他就跑掉了。

因為是大學周邊，所以很多學生都會餵他吃東西，但是阿瑪偶爾還是有討不到食物的時候，這時候阿瑪就會入侵學生宿舍開始找食物。

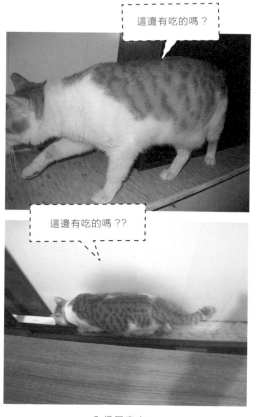

這邊有吃的嗎？

這邊有吃的嗎？？

入侵民宅中

吃的東西怎麼這麼難找？

阿瑪站在地下室的門口，癡癡望著外面的學生們，彷彿心裡在吶喊著：「朕在這裡～罐頭拿來、雞排拿來，朕快餓死了！」不知道那時候阿瑪到底吃了什麼東西啊，還好阿瑪身體一直很健康，只能說米克斯血統太強大了！

可以幫忙開門嗎？
朕想去討個罐頭吃！

餓死禧圖

晚上幾個室友聚在一起聊天時，我問起了傍晚的那隻黃色奶油貓。

「今天我買了罐頭給他吃欸～」
「什麼？你也買罐頭給他！？」室友驚訝的問我。

大家聊了之後才發現，原來這隻貓今天一整天都用楚楚可憐的表情，
向每個路過的學生撒嬌，並且成功的騙到了不可計數的食物及罐頭。
正當大家在討論他的同時，聽到套房門口傳來霸氣的貓叫聲，原本正
在吃飯的該該（室友的賓士貓）也被嚇了一跳，室友一打開房門，就
看到今天那隻黃色奶油貓當自己家似的衝進來，並且衝向該該的乾乾
面前，開始大口享用起該該的晚餐，被嚇呆的該該及我們這些人類，
就這樣傻眼看著這個不請自來的霸氣胖貓掠奪該該的一切。

因為他吃完也沒打算要走的意思，我們便打算先暫時安置他，並幫他
上網找主人。

阿瑪看似霸氣，但也很隨遇而安，什麼都可以睡！

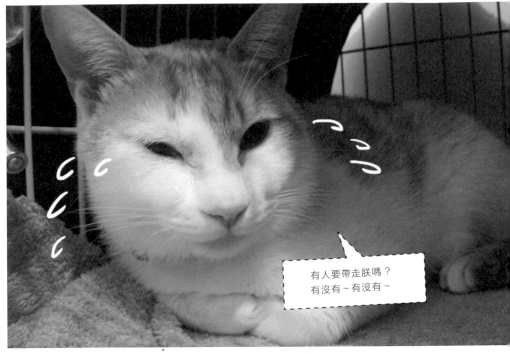

有人要帶走朕嗎？
有沒有～有沒有～

暫時安置在狸貓奴才家的阿瑪，躺在借來的籠子跟毛毯上。

阿瑪的淚

阿瑪來的時候，就發現他的右眼有時候會這樣，充滿著淚水，後來問醫生後才知道，這可能是疱疹病毒造成的症狀，建議讓阿瑪服用離胺酸，能使病毒活性降低，數量減少，果然阿瑪吃了幾天後，就恢復成帥氣的電眼了！

↑
淚

2009 年的網路送養文

《 臺北送養 》
這隻貓遊蕩在陽明山文化大學附近，常在我這邊的廁所喝馬桶水（我租屋處廁所是開放式的），他會跟附近的同學們裝可愛、討罐頭吃，最近被我撿回去、清理乾淨了，目前還沒有取名，雖然酷酷跩跩的，但會撒嬌、不怕人，希望能為他找到一個家，不要再讓他在陽明山上吹風淋雨了（這邊很冷）。

嗨！
你要我嗎？

奶油黃貓
男生

睡覺不會餓肚子……

奴才:「有人要帶走他嗎?他好愛吃噢,我快被吃垮了!」

阿瑪:「朕住得挺舒適的,朕覺得可以住下來噢!」

阿瑪的毛

左躺，右躺～
就是紙箱最好躺～

阿瑪最喜歡躺在紙箱上了

朕不喜歡被紙箱背叛……

★★★
「被紙箱背叛的阿瑪」是粉絲團裡最紅
的影片，裡面有阿瑪驚為天人的糗態。

正式收留貪吃的奶油貓－黃阿瑪

也許因為他是成貓又是米克斯，過了好久都沒人要認養，經過一番考慮後，原本也對貓咪有點陰影的室友狸貓，就暫時收養在他的小房間裡，因為狸貓姓「黃」，又加上這隻貓霸氣的樣子，「黃阿瑪」這個名字就這樣誕生了。這天剛好是 2009.01.07，這天就當黃阿瑪生日吧！（當時的獸醫估計阿瑪應該已經大約 1~2 歲左右。）

雖然名義上阿瑪姓「黃」，但是其實我們這些室友都算是他的奴才，每個人的房間都是他的行宮，大家都要臣服於阿瑪，供他吃住，給他一個健康快樂幸福後宮。

結束流浪的日子－ 2009/01.07

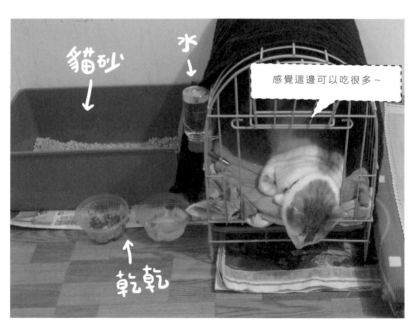

奴才：「這是當年阿瑪的小地盤～」

領養代替購買喔！

2009 年的阿瑪 – 髒髒、瘦弱、乾癟

領養代替購買

其實領養貓咪跟購買貓咪的差別，除了花錢這件事之外，最大的不同就是，我不知道阿瑪的來歷、生日、爸媽，甚至是否有過主人，但我知道當年做的這個決定，改變了阿瑪可能會被放回原地、繼續在陽明山流浪的命運。而且你看看阿瑪，原本是路邊隨處可見的米克斯 (Mix，混種之意)，但細心照顧後，也可以變得很漂亮、成為萬人迷，不是嗎？

網路上的送養文非常多，在路邊流浪的貓咪更多，請支持「領養代替購買」，只要你願意踏出這一步，你就可能是改變某隻貓命運的那個人！沒有購買，就減少繁殖，越少人購買寵物，販賣寵物的商人就越難存活，或許有一天，購買寵物這個名詞只會存在於歷史課本裡。

請支持
領養代替
購買！

2014 年的阿瑪 – 豐滿、乾淨、漂亮

阿瑪：「朕喜歡睡在紙箱上。」

阿瑪：「朕也喜歡睡在椅子上。」

阿瑪：「當然也可以睡在小箱子裡。」

阿瑪：「褲管也沒問題!(有點擠)」

阿瑪:「真是夠了～」

阿瑪不喜歡穿衣服

阿瑪平常沒有穿衣服的習慣（嗯？），這天心血來潮，隔壁鄰居幫阿瑪穿上該該的麋鹿套裝，沒想到不穿還好，一穿上去馬上低頭沈默，變成垂頭喪氣的麋鹿，然後我默默聽到阿瑪不停在碎碎念的聲音，「脫掉……脫掉……脫掉……給朕脫掉這鬼東西……」實在是太好笑了，所以我們這幾位奴才決定多拍幾張照片，再幫阿瑪脫掉這套鬼東西。

該該

該該:「我穿比較適合啦！」
阿瑪:「……」

阿瑪的兔子朋友「灰胖」 開始學習交朋友

灰胖：「大家好～我是灰胖！」
阿瑪：「他是一隻灰灰胖胖的兔子。」

灰胖是朕的朋友！

阿瑪與灰胖的生活

在阿瑪到來之前，我原本就養著一隻灰色迷你兔，叫灰胖。

灰胖很有活力也很有個性，食量很大，每天都吃很多很多草（幾乎只有睡覺才會停止進食），灰胖傻傻的模樣，外表可愛又憨憨的，雖然看似很溫和，不會咬人，但是脾氣卻滿大的，只要心情不好就會蹬腳，舉凡吃不飽、講話太大聲、太久沒放風、太久沒摸摸……各種原因都有可能讓他氣呼呼、蹬腳抗議。

直到阿瑪來之後，灰胖的脾氣似乎更暴躁了，什麼事都可能會引起灰胖的不滿，尤其是阿瑪試圖靠近他的時候。反而是阿瑪對灰胖似乎一點敵意都沒有，阿瑪老是想要接近灰胖，但是都會被灰胖拒絕，有次灰胖還咬阿瑪的屁股一口，痛得阿瑪夾著尾巴哀號逃走。不過被咬屁屁的阿瑪並沒有就此放棄，阿瑪還是常常靠近灰胖，可以說是不屈不撓啊。

放鬆中…

灰胖：「這樣身體拉長的姿勢最舒爽了～」

ㄟ！阿瑪！
醒醒！拍照了！

共患難的好兄弟

有一次，因為灰胖不小心沾到自己的尿，而阿瑪的腳也跟著弄髒了，所以兩個一起進浴室洗澡。洗澡的時候兩個一起縮在浴室的最角落，阿瑪放聲瘋狂吶喊著，灰胖盡全力蹦跳著。不知道算不算是有一種革命的情感，洗過澡後，灰胖突然就不再那麼排斥阿瑪了，甚至之後就開始常常看到他們兩個窩在一起睡覺的畫面，從此阿瑪及灰胖正式成為哥倆好。

好睏己…　笑一個!

阿瑪跟灰胖的第一次合照

謝謝灰胖!
提醒朕要拍照了!

阿瑪真是調皮啊！

慵懶睡姿的灰胖

其實灰胖對於阿瑪後宮
的創立可算是極具重要
意義的角色，畢竟在人
際關係這一課題，灰胖
算是教了阿瑪不少啊！

想出籠子的灰胖，把臉擠在欄杆旁。

摺一隻耳朵的灰胖

各種灰胖

阿瑪：「今天第一次來到你家，你家冰冰涼涼的，很適合夏天睡的喔！」

灰胖:「不然以後夏天都跟我睡啊!雖然這邊沒有貓砂~」

灰胖的草

灰胖的主食是草,有事沒事嘴裡就叼著草咬咬咬,阿瑪有時候也會好奇的看著他,但還好草的味道阿瑪沒有興趣,不然就要跟灰胖搶食了呢!

阿瑪台南歷險記 —趟驚險的旅程

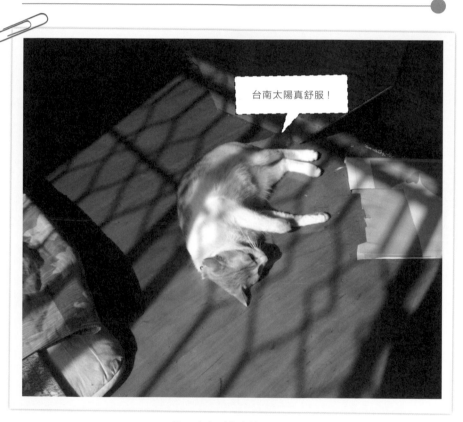

第一次來到台南的阿瑪

阿瑪，千萬不要

朕要尿囉!!

緊張
緊張

阿瑪第一次搭客運

因為狸貓是台南人，養了阿瑪後的第一次過年，理所當然就必須帶著阿瑪回娘家。第一次要帶著阿瑪搭長途客運（長達 4 小時），不只阿瑪很緊張，狸貓也一樣緊張。但其實等到搭上客運後，緊張的心情很快就被羞恥的感覺取代了。

阿瑪在台北車站上了客運後，就不停的放聲大叫。狸貓先是不斷安撫，並且拿出預先準備好的零食及化毛膏來誘拐阿瑪，阿瑪快速的吃完了之後（貪吃的個性到哪都是不會變的），卻仍然持續大叫。

狸貓一邊忍受車上所有乘客的側目，一邊困惑著到底阿瑪是在叫什麼？明明都吃飽了啊，到底在叫什麼？啊！吃飽了 …… 就是因為吃飽了 …… 也喝過水了 …… 所以不是肚子餓，也不是口渴，是因為想上廁所！此時恍然大悟的狸貓，只覺得對阿瑪既抱歉又是慚愧，只能不斷的向阿瑪道歉，並且任由阿瑪大聲的斥責吆喝。最後，阿瑪也因為忍不住而尿在籠子裡，結束了這場貓咪人類都精疲力竭的坐車之旅。

下次要尿在
奴才的褲子上！

★★★
你不知道貓咪什麼時候想上廁所，如果要帶貓咪長途旅行之前，最好確認他上過廁所再出門，不然就是要隨身攜帶貓砂＋砂盆，方便他上廁所噢！

!!
是狗!

怕狗的阿瑪

第一個考驗，是遇到狸貓老家養的狗－Pepper（胡椒），他們倆初次見面的那晚，Pepper 有點好奇的看著阿瑪，原以為阿瑪會表現出他的霸氣跟 Pepper 保持君臣之禮，以禮相待。沒想到阿瑪全身毛起來，不斷發出警告的叫聲，反倒是 Pepper 一副無所謂的模樣，還對阿瑪很好奇，一直想要接近阿瑪的樣子，嚇得阿瑪逃之天天，就這樣，這幾天一直上演著 Pepper 黏著阿瑪的戲碼，直到回台北前，阿瑪都不願意接納 Pepper 的熱情，只能說貓狗殊途啊！

喔～
是貓！

Pepper：「原來這是貓～好特別喔！」
阿瑪：「你這長毛怪……不要靠近朕！」

互看 →

曬太陽行光合作用的阿瑪

Pepper 是條老狗了，沒事就在睡覺。
最喜歡的是散步，去找鄰居家的狗玩。

來台南當然要
自拍打卡一下囉！

阿瑪：「Pepper 一直想靠近朕 …… 朕實在是很害怕！」

翹家的阿瑪

另一個考驗,不只考驗著阿瑪,更是考驗著狸貓。

因為當時還沒幫阿瑪結紮,狸貓也還不了解幫貓咪絕育的重要性。就在阿瑪回台南連續兩天尿尿在他的床鋪上之後,狸貓才察覺到阿瑪正在發情,並且在心裡暗自決定著,一回台北就要帶著阿瑪去動物醫院報到。不過就在隔天,狸貓帶著同學們要來看阿瑪時,到了二樓的房間發現紗窗竟然破了,然後阿瑪不見了。「阿瑪不見了!阿瑪不見了!」緊張的狸貓開始瘋狂尋找!

★ 當年阿瑪打破的紗窗,好險外面有個屋簷。

想出去玩跟我說嘛
台南我很熟喔！

所幸經歷一番折騰後，在二樓的屋簷上找到飢餓又膽小的阿瑪（外加發情），救回阿瑪後，狸貓趕緊檢查阿瑪全身有無受傷，也趕緊把門窗關好。阿瑪也一邊對著狸貓「喵喵喵」的不停叫著，像是在質問他：「你跑去哪裡啦？朕快餓扁啦！」經過這次的教訓之後，狸貓默默告訴自己，以後絕對要仔細顧好阿瑪的安全，不能再重蹈覆徹！

打破紗窗真的很厲害！

你下次可以試試看，手感不錯喔！

貓咪走失應該要馬上做的事情！

貓咪躲藏功夫非常一流，因此一開始要找到或看到是很難的，尤其是沒有出過家門的貓，都會異常緊張！因此在你上網發協尋文之前，最重要的是趕緊出門大喊他的名字、用食物吸引他們，這時候成功率最大，另外他們也有很高的機會，在 1~2 天內會回來家門口，因為肚子餓！

為什麼貓咪會想往外跑呢？

1

貓咪正值發情期

發情的貓咪一聽到、或是聞到有異性貓的存在，就很有可能會不顧一切、用盡全力往他 / 她那兒奔去。

2

貓咪天性好奇

『好奇心殺死一隻貓』是很多人耳熟能詳的一句話，家貓在家通常環境普通、沒有變化……可說是非常無聊。所以當一有機會，貓咪都會想要溜出去晃一晃，記得要完全排除這種「機會」，以免憾事發生！

阿瑪你去外面到底想要做什麼啊？

朕只是去跟台南在地的美女打招呼啦！

搬家！
阿瑪住過的地方
臺北「陽明山－中和－汐止」

2009~2010 年阿瑪在陽明山度過，也是在這時期結紮的。

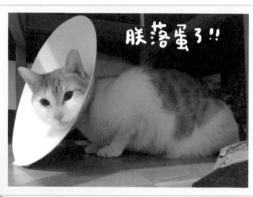

朕落蛋了!!

朕有萌萌嗎？

2010~2011 年搬到新北市中和的公寓小套房，是阿瑪住過最小的地方，那時候阿瑪最愛在沙發上賣萌。

2011 至今，阿瑪在新北市汐止
建立後宮，陸續接納了多位後宮
臣子，以及好幾萬位的子民。

工作室的招財貓

奴才們經歷大學畢業、兵役服務後，共組了個影像工作室「米花映像」，
同時也讓阿瑪擔任工作室的招財貓。工作室的成員雖然來來去去，但不變
的是 …… 除了專業技能需求之外，最重要的就是要有一顆愛阿瑪的心，
要尊重阿瑪，更要把阿瑪當成生命中重要的一部分（認真）！

陽明山時期的阿瑪

ㄜㄜㄜㄜ

← 粉紅！

結紮

經歷阿瑪在台南的脫逃事件之後，一回臺北就馬上帶阿瑪去做蛋蛋分離手術！奴才特別交代醫生說想要保留蛋蛋，不要剪掉後就丟掉，並且跟醫生要一點方便保存的液體，這樣就可以永久保存啦！

朕的蛋蛋
再見了……

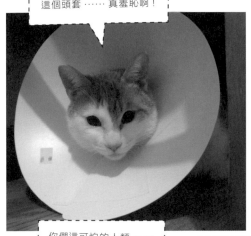

這個頭套……真羞恥啊！

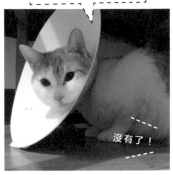

咦？朕的蛋蛋呢？

沒有了！

你們這可怕的人類……

2009.0302（一）阿瑪結紮日

阿瑪結紮後……非常討厭戴羞恥頭套（用途是防止舔傷口的），每次穿起來的時候臉都會非常臭。

阿瑪的兩顆蛋蛋，至今仍保存在後宮中。

★ 你有發現後宮的英文是 fumeancats 嗎？
　 因為我們工作室的英文就是 fumeanaction 喔！

65

中和時期的阿瑪

★ 超脫世俗的空靈表情

阿瑪：「朕今天飾演嫵媚的姊姊～」

阿瑪：「嗨～我是瑪瑪姊～你好！」

阿瑪：「演的是不是很好？有沒有愛上朕啊？」

阿瑪：「好了好了，朕要下班了喔！」

昏睡中

阿瑪：「什麼？還想再看一次？自己翻回去看啦！」

告別中和，前往後宮！

剛開始的工作室僅是在中和的一間小
套房，空間小又擁擠，阿瑪的活動空
間當然也只有在那個狹窄的小框框裡。
後來工作室搬到汐止，是一個樓中樓
的房型，空間大到還可以給貓咪自己
一間房間。而就在剛到新環境不久後，
我就接到了某個學妹的電話，而這通
電話則開啟了後宮的擴大歷程。

新登場！招弟 位階 皇后

我跟阿瑪一樣，
來自陽明山喔！

一手可提起的招弟

招弟入宮 2011/06.19

因為剛搬到新工作室，許多東西都還在整理的階段，阿瑪忙著到處穿梭、探險，灰胖則是安分、繼續不停的吃草，絲毫感覺不出已經搬家的狀態。

某天晚上，阿瑪又在忙碌穿梭之際，一通電話吸引了阿瑪的注意，灰胖也暫停了吃草的動作，「學長，你還可以再養一隻貓咪嗎？我撿到了一隻小貓。」

這位學妹原本固定都會餵養宿舍外面的一群浪貓，那天正好是颱風剛過的日子，陽明山上經歷一陣狂風暴雨。原本跟著媽媽還有其他兄弟姊妹一起流浪的小貓，經歷了颱風夜後，變成了無依無靠的孤兒，隔

嗯～這女孩不錯喔！

參見皇上！

剛碰面就可以一起睡覺了

天一大早學妹要出門時，發現這隻小貓全身濕透無助的在門口叫著，便趕緊把她帶回家，先讓她吃飽並且安置，但是因為過兩天學妹就要到韓國留學，只好一整天到處詢問，是否有人能收養這隻小貓。

直到深夜，學妹才想起我有養貓，便馬上撥電話詢問。聽完她的敘述後，我看了一眼灰胖，灰胖無視我，繼續吃他的草，我再轉頭望向阿瑪，心裡有點擔心他會不會欺負小貓，阿瑪對著我叫了兩聲，好像在說：「朕才不會這麼小氣咧！」

有了阿瑪的承諾之後，我馬上帶上外出籠騎車上陽明山。那時山上仍然下著小雨，路邊還有颱風過後路樹被吹倒所殘留的痕跡，很難想像在陽明山上的毛孩子，到底是怎麼忍受這些風吹雨打的。

謝謝你救了我…姊姊！

一到學妹家，看到小貓很有精神對我叫著，我心裡放心許多，她似乎完全不怕人，而且一直想要爬到我身上，這也許是因為學妹常常照顧他們一家人的緣故。簡單閒聊幾句後，我帶著小貓跟學妹道別，學妹很不捨得對她說：「妳要好好保重喔！」小貓張大雙眼凝視著學妹，並且輕輕回應喵了幾聲，我想她的心裡一定也對學妹充滿著感激的心情吧。

趕快陪睡～希望討阿瑪喜歡！

嗯～來幫朕按摩一下吧！

小招弟陪在阿瑪身邊睡覺

我叫招弟！英文是 Judy（諧音念法）

招弟原意：古時候重男輕女，生了女兒的人家，會希望下一胎是男孩，所以取了此名，富含期望的意味！

★ 當時裝在房間內的小型攝影機，非常吸引招弟。

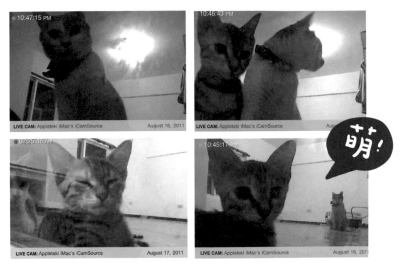

萌！

招弟：「能跟皇上住，是我的榮幸！」

取名

帶回小貓後，第一件事就是取名字，因為我們都覺得阿瑪的名字非常酷，所以第二隻貓的名字一定要跟阿瑪有著同樣等級的酷，而且要獨一無二。因為這隻小貓是女生，所以「就叫她招弟吧！」，然後招弟的名字就這樣決定了！沒什麼原因，真的是當時腦中浮出第一個最酷的名字，很多人都問我，為什麼不幫招弟取個 Lady 一點的名字，「可是你看她那麼皮，一點都不 Lady 啊！」而且我心裡想著，應該很少有人會幫貓取這麼鄉土的名字吧，這樣才特別嘛！

好…好害羞噢！！

阿瑪與招弟的初接觸

雖然招弟看起來完全不怕生，但阿瑪走到她身邊的時候，我心裡是很緊張的，害怕阿瑪會做出什麼傷害招弟的動作。招弟睜大雙眼呆呆抬頭凝望著阿瑪，阿瑪越靠越近、越靠越近，時間彷彿靜止般……「阿瑪你千萬別吃她啊！乾乾不夠我可以再買啊！」然後阿瑪伸出舌頭伸出舌頭舔了招弟一口，接著幫她理起毛來。

看到這個動作雖然讓我暫時鬆了一口氣，但為了安全起見，我還是待在他們身邊觀察好一陣子，不過後來發現是我多心了，他們的相處完全沒問題啊。

阿瑪就像是在照顧自己小孩般照顧著她，會幫她理毛，要吃飯時也會帶著她上樓，還會忍著肚子餓讓招弟先吃飽，自己再吃剩下的。一直以來都以為只有人類才有這樣子舐犢情深的畫面，沒想到在貓咪身上，也能有這樣溫馨美好的情感表現。幼年時期的招弟，好在有阿瑪在旁幫忙照料，才讓我們奴才們可以順利照顧招弟長大成「貓」。

招弟：「長大也萌嗎？」

阿瑪跟招弟，還是會睡在一起喔！

阿瑪把招弟

日子一天一天的過去，年幼的招弟長得很快，漸漸有了一種亭亭玉立的感覺，然後阿瑪也漸漸露出男性本色的真面目（雖然已經結紮了），本來像是爸爸的角色突然越來越像「色老頭」了，某天開始對招弟上下其手，而招弟似乎也對阿瑪日久生情，然後就⋯⋯天雷勾動地火，一發不可收拾了。不過好險阿瑪已經被「淨身」過，就算他們再怎麼歡愉，也是生不出「小阿瑪」來的。

雖然不會有受孕的可能，但在招弟第一次發情過後，為了她的健康著想，奴才還是帶她去做絕育了。

招弟：「阿瑪真的很帥⋯⋯」

絕育對貓咪的重要性 !!

一般絕育除了避免毛孩懷孕、發情亂跑之外，更重要的是為了毛孩的健康噢！未結紮的母貓，賀爾蒙會刺激乳腺細胞，但這些細胞沒有生產乳汁，最後就容易變成腫瘤、演化成乳癌。而公貓雖然不會有乳癌，但也容易會有攝護腺等的疾病問題。網路上有非常多的醫生建議和知識，大家都可以去看看喔！

而且現在流浪貓很多，也不建議大家繼續繁殖，把愛留給在外流浪的毛孩們，也是一種愛喔！

想逃？

招弟：「皇上！不要…」

阿瑪：「由不得妳…」

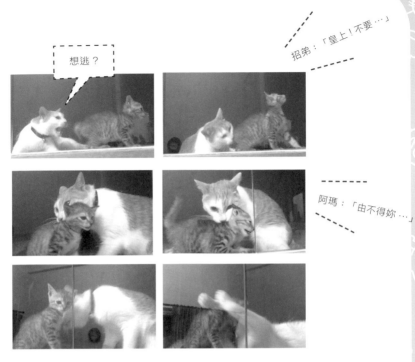

★ 當時共處一室的兩貓，招弟那年輕的肉體、加上萌萌的臉蛋，阿瑪怎麼可能受得了呢？所以阿瑪時不時就上演色老頭戲碼，不停的聞、摸、抱招弟，雖然招弟有拒絕的意思，但阿瑪是皇上……實在也是皇命難違啊！

Q：為什麼阿瑪結紮了，還會被招弟吸引呢？

A：雖然阿瑪結紮了，但只要有過「類似經驗」，貓咪就會記得那行為是會快樂的，所以就還是有可能會有這種行為喔，但這是不會有什麼問題的喔！

阿瑪，保重喔！

該說再見了……

阿瑪的呼喊

招弟才來到後宮後不久的某天夜晚，我們那天剛好從外面工作後回到後宮，一打開門，就聽到阿瑪「喵嗚嗚」的大叫著，原本還以為是肚子餓在抗議之類的，但是才一進門，阿瑪就跑到灰胖的籠子邊，一邊看著我，一邊對著灰胖叫著，我這才發現不妙，灰胖全身癱軟在籠子內，動也不動的喘息著。

我馬上打開籠子，輕撫著灰胖，並且叫著他的名字，多希望這時候他能像平常發脾氣那樣大力蹬腳，就算要抓我咬我都沒關係。只記得那時候我全身起雞皮疙瘩、眼眶泛著淚水，心裡一直想著最不願發生的事情是否就要發生了。我知道當下最重要的事情是忍住淚，於是打開電腦搜尋半夜有提供急診的動物醫院。

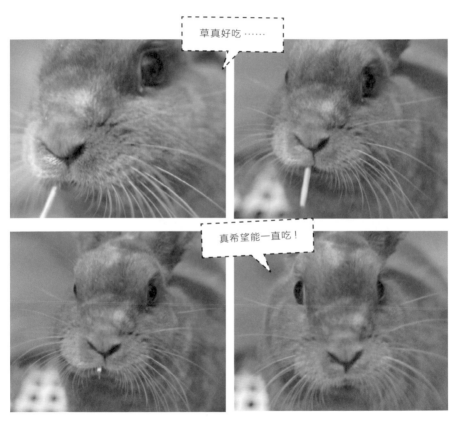

總是用無辜的表情吃著草的灰胖

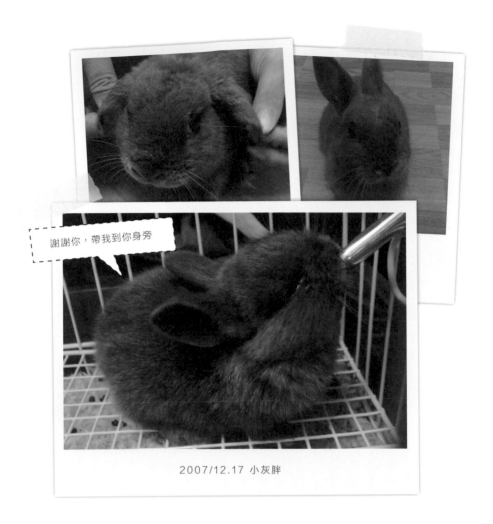

謝謝你，帶我到你身旁

2007/12.17 小灰胖

離別

還記得那天晚上，我帶著灰胖騎著車從汐止騎到台北市一間提供夜間急診的動物醫院，到了之後，灰胖還有一點點氣息，醫生替他檢查了沒幾分鐘，就跟我說灰胖時間不多了，建議我不要讓他急救，要我就陪在他身邊就好。我就這樣待在灰胖的旁邊，看著他眼睛凝視著我，雙手輕撫著他的身體，就在這時候，灰胖突然像是用使盡力氣，雙腳蹬了一下，然後又隨即癱軟在診療檯上，接著灰胖發出了點細微的聲音，像是在叫我不要難過了，又像是在指責我怎麼那麼晚回去，他等我好久了。那一刻我的眼淚再也忍不住，而灰胖就這樣在我的手裡沒了氣息。

謝謝你照顧我…雖然我脾氣不好

2011 年的大灰胖

我自己養的第一隻寵物,陪了我這麼多年的灰胖,就在這一天正式離開我,我靜靜感受灰胖漸漸消失的溫度,再一次輕輕撫摸他的全身。離開醫院之前,跟醫生討論了可以怎麼幫灰胖處理他的後事,我選擇了以個別火化保留他的骨灰的方式,因為希望能夠讓灰胖之後還能回家陪著阿瑪,也希望一輩子都能有他陪伴著我。

灰胖…灰胖…
你怎麼可以丟下朕…

我累了…想睡了…不能陪你們了…你們要保重喔,再見了!

再見

後來的幾天,阿瑪總是在尋找著灰胖的身影,總是跑進灰胖的籠子裡嗚嗚叫著,或是跑到我身邊用疑惑的大眼質問著我:「灰胖到底去哪了呢?」我只能輕輕抱著阿瑪,用雙手撫著他的額頭告訴他……灰胖不會再回來了……

阿瑪和灰胖小天使(享壽4歲)

「灰胖，記得要回來看我們還有阿瑪噢！」

珍惜

不知不覺，灰胖過世已經滿 10 年（至 2021 年）了，而阿瑪還是活蹦亂跳、身體很健康，也許是灰胖有在天上保祐阿瑪吧？謝謝灰胖，帶領阿瑪學習了社會化，也謝謝灰胖，讓我們更珍惜與阿瑪他們相處的每一天。

真的三隻腳！

新登場！ 三腳

位階 娘娘

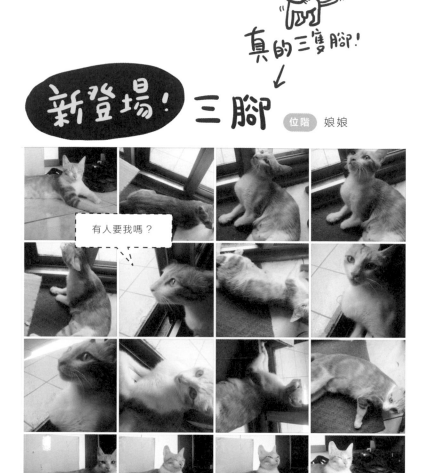

有人要我嗎？

三腳：「這是我在中途家的時候～謝謝中途。」

大家好，我來
自臺北南港。

有緣人在哪？

我不想再流浪了…

跟三腳相遇的過程只能說是充滿了緣分。因為平時都有上 PTT cat 板的習慣，某天在板上看到了一篇認養文。

Ptt cat 版上的認養文

有人要認養一三腳貓嗎？
Three Legs!

《 臺北送養 》 – PTT cat
她原本是對面人家放養的貓，今年年初他們搬走了，把整窩的貓棄養。可憐的小美女流落街頭，因為不知名原因少了一隻手，跑不快、打不贏，所以一直不停生小孩，最近終於抓到並結紮，但實在不忍心讓她再回去流浪，希望有人能夠收留她。她個性溫順、超級親人，誰摸都呼嚕，希望能幫她找到好人家，如果一段時間都沒人能收留她，我們就必須把她野放。

★ PTT：台灣知名網路論壇，上面有各式各樣的討論區。

當時瘦得不成貓形的三腳，初識阿瑪。

三腳入宮 2011/08.04

當時後宮裡已有阿瑪和招弟，本來其實沒有繼續增加貓口的打算。不過在看到那篇送養文的時候，發現三腳的送養文乏人問津，就覺得可能因為是成貓，又少了一隻腳，應該很難送出去，看到三腳的個性似乎很可愛，就突然轉念，心想自己或許可以好好照顧她，沒想到詢問之後才知道，因為沒有任何人理會三腳，所以中途已經把三腳原地野放了！

在表明收養意願之後，中途馬上出門去找三腳，沒想到親人的三腳，一聽到中途的呼喊，馬上就蹦蹦跳跳的出現了（雖然斷腳，但還是很會跑）。三腳那不怕陌生人、愛撒嬌的個性非常討喜，所以就在2011/08.04 這天，正式告別中途之家，來到阿瑪的後宮裡生活。

好奇 (?) 的阿瑪緊盯著三腳看

三腳的過去

不過三腳一直有個陰影，因為以前流浪時沒結紮，所以一直被迫生小孩，導致她非常討厭公貓。因此剛來後宮的時候，對阿瑪非常的不友善，但阿瑪很善解人意，不論三腳怎麼罵他，阿瑪都默默不講話、也不還手（但阿瑪還是會偷看她）。

不要靠近我噢!!

三腳有時候也會玩得很 high

耐心

三腳剛來時,最可怕的事情(對奴才來說),是我們發現三腳竟然會隨地大小便,甚至還會直接在我們面前大方解放,當時的畫面真是歷歷在目⋯⋯這個事情一度讓我萌生了「三腳是不是不適合多貓家庭」的想法,甚至有了想把她送回中途的念頭。

跟中途多次討論之後,終於發現了問題所在,原來是因為三腳不敢上有蓋子的貓砂盆,也許是有點幽閉恐懼症、或是害怕其他事情。好在買了沒有蓋子的貓砂盆後,三腳就會正常的上廁所了,也開始安穩的在後宮裡生活了。所以每當有新貓入住的時候,在這段新貓舊貓相處的磨合期,什麼問題都可能會發生,但只要「細心觀察」、有「耐心」與「愛」,通常可以慢慢解決喔。

我現在很慶幸當初沒有貿然把三腳送回去，我實在很難想像像三腳這麼親人的貓，如果她又再一次經歷被拋棄，她的心裡的傷痕一定會越來越加深，也會對人類越來越不信任，漸漸又變成無法收編的浪貓，如此循環下來，結局就可想而知了。

幸福肥

三腳現在過得很幸福，吃得飽睡得暖，體重也漸漸向阿瑪看齊。雖然可能因為她以前遭受過的傷害以及身體的缺陷，讓她對於其他貓咪會有一定的防備，導致她很常發脾氣，常對大家怒吼，不過我總覺得大家似乎也都能體諒三腳，被她訓話時都會乖乖站好不頂嘴不回手，三腳也就很安心當著她的「三腳娘娘」呢！

2011 與 2015 的差別

本宮雖然不是皇后，但會幫阿瑪好好治理後宮的！

三腳在陽光下，玩到整身毛都豎了起來。

安靜的下午、溫柔的陽光，三腳靜靜的躺在
沙發上。若當年中途沒有把她帶走，她可能
現在正在跟街上的公貓吵架、被車輛追趕，
或是被無聊的人類惡整。還好當年做的那個
決定，讓她現在可以安心的睡著呢！

什麼是TNR？
什麼是中途？

1

TNR

TNR 是英文 trap(捕捉)、neuter(結紮)、release(放養)的縮寫，也就是「街貓結紮放養計畫」，將路上看到的流浪貓抓來摘除睪丸或子宮後，做剪耳記號再放回原處生活。

做好 TNR，才不會讓流浪貓咪們越生越多噢！

阿瑪若沒結紮，不知道現在會有幾位皇子。

★ ★ ★

台灣有很多人都自發性的做中途、做 TNR，沒有接受任何資金援助，純粹是發自內心，希望能夠幫助身邊遇到、看到的任何一隻動物，像三腳的中途當時還只是學生呢！這些人一直默默的在付出行動，真的很謝謝他們！

2

中途

在 TNR 的過程中，通常會把較不親人的貓原地放養，但若是親人的貓咪，通常會選擇日後開放認養，因為他們相信人，所以最容易遇到危險。然而在找尋到適合的認養人前，就必須由「中途」先行照顧，並且一邊審慎為貓咪挑選好的奴才。

本宮當初就是被中途照顧，之後才找到奴才！

沒有那兩位中途，就沒有現在的三腳。

新登場！ Socles. 搜可史 位階 小主

大家好，我全黑的喔。

後宮啊⋯
好像很可怕⋯

Socles 搜可史入宮

2012/1 月

養了三腳之後才知道，原來不是每隻貓都那樣容易與其他貓相處，每隻貓都有不同的個性、不同的經歷與背景，當來自不同地方的貓聚在一起的時候，都會需要一定的空間及磨合期。所以當時我覺得這樣三隻貓的狀況已經很剛好了，暫時是不想要再讓後宮有新貓加入了。

不過，就在三腳才漸漸與阿瑪招弟混熟後，某天我又很手賤地在 Ptt 上看到了篇送養文，一點進去看照片我就知道完蛋了，我的眼睛不由自主地發亮，「好可愛的黑貓啊，好想養啊，天啊！」就這樣，這次我沒考慮多久，就迫不及待寄信給原主人詢問認養相關事宜。

當年 Socles 的夥伴

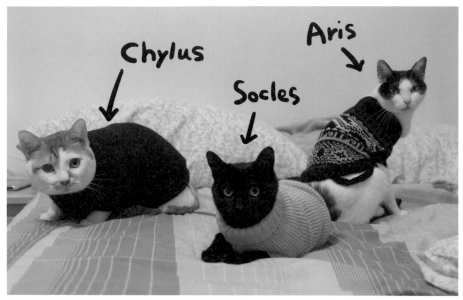

Socles：「當年我跟 Chylus 很好喔！好想他！」

Socles 玩耍中

當年 Socles 跟大夥一起吃飯

戲劇性的化身

原主人有養三隻貓,因為是北藝大戲劇系的學生,所以把三隻貓依照希臘三大悲劇作家的名字來做命名,Socles 便是其中一隻。Socles 原本跟另一隻貓 Chylus(區了斯) 是好朋友。Chylus 是一隻長得跟阿瑪很像的大胖貓,不只是長得像,身材個性也都很像。就是因為這個原因,讓我覺得那 Socles 跟阿瑪應該也會很合得來。不過後來證明,我們人類真的是太天真了。

帶 Socles 回來的那天,因為我還趕著要去別的地方,所以一到他們家,原主人就趕緊把 Socles 抓進外出籠裡,閒聊沒幾句就讓我帶走了她。後來我猜測,或許是因為這天這麼急著把她帶走,導致她後來很害怕看到陌生人來到後宮裡的感覺。不過讓人困惑的是,如果照上述的推論,她應該會很害怕我才對,但是卻沒有。她一來到後宮的那天,就肯讓我摸她,雖然很緊張,卻不會怕人,只怕阿瑪。

奔跑和尖叫

阿瑪一看到 Socles 就色心大起，一天到晚想要偷摸偷聞 Socles 的屁屁，然後 Socles 就會瘋狂尖叫，加上三腳愛管秩序的罵聲此起彼落，這時候的後宮讓我體驗到的是前所未有的混亂，實在是太熱鬧了。不過除了尖叫聲之外，更可怕的是，Socles 只要一緊張就會爆衝，加上這時候的柚子正是最頑皮愛玩的年紀，所以只要看到 Socles 奔跑，柚子就會跟著奔跑。

柚子調戲 Socles 搜可史

想摸我？看我飛簷走壁！

柚子你動作太慢了！

Socles 在後宮中，輕功是一等一的！

大籠子！

Socles

Socles 萌萌的……
朕…朕…朕…

相信大家應該不難想像這樣的畫面，一邊奔跑追逐，一邊拉嗓尖叫。
雖然很熱鬧，但是也讓我們開始擔心，他們的身心究竟會不會受到傷
害。剛開始 Socles 甚至為了害怕阿瑪接近，而不敢吃飯，也無法好
好安心睡覺，因為這個原因，我們為她買了一個大籠子，好在買了大
籠子之後，Socles 每當吃飯及晚上睡覺時，就會自己進籠子。也許
對別的貓咪而言，被關籠是很痛苦的，但是對 Socles 而言，這是她
專屬的一個小天地，也是讓她覺得有受到保護的一個安全範圍。

直到現在磨合期已經過去了，平常午睡時間，Socles 已經可以跟大夥兒睡在一塊，吃飯也常常可以一起吃，雖然偶爾她仍然會選擇自己待在籠子裡，但我想，或許這是她想讓自己心靈沉澱的一種方式吧。

念舊

前面有提到 Socles 跟 Chylus
很好，我們一致認為 Socles 非常
想念 Chylus(舊情人)，也許就
是因為這樣，所以 Socles 才一直
不讓阿瑪碰她，應該要頒個貞節牌
坊表揚她的！

這邊阿瑪就
爬不上來了！

這是後宮二樓的牆壁，也是 Solces 的伸展台。

真的假的!?

命名是個學問

一直覺得貓咪的命名可以影響他們的個性，像 Socles 的叫聲就
充滿戲劇性，有時候阿瑪只是從她眼前經過，她就可以發出像是
歌劇裡面女高音拉長音的高音尖叫，不過現在已經很少聽到，也
許是因為已經對這個環境已經熟悉、放心的緣故。

阿瑪你不要再偷看
我的屁股了！

妳屁股黑黑的，感覺很
軟很好摸耶～呵呵！

阿瑪沒事就會在後宮裡追著
Socles 跑，可能對阿瑪來
說是運動、也是調情，但對
Socles 來說，有一點點覺得
不舒服（吧？）。

變態！

阿瑪變態！

大變態！

崩潰
崩潰
崩潰
我不想被摸啊！

會怕的話，就想想
我吧～不怕不怕！

謝謝區了斯……
你還是對我那麼好

Socles 的情人 Chylus

變態的由來

Socles 大罵阿瑪變態的由來，可以參考粉絲團「黃阿瑪的後宮生
活」裡的影片「後宮嬉鬧記」，詳實記錄了阿瑪侵犯的過程。

新登場！嚕嚕

位階 意圖篡位的王爺

嚕嚕入宮 2012/07.14

在領養 Socles 半年後的某天，爸爸跟我說：「我朋友家裡有一隻貓要送養，後宮要接收嗎？」面有難色的我，詢問了對方的送養原因，才知道是因為家裡有嬰兒即將出生，長輩反對所以決定送養。一聽到是這樣的原因，原本已打算不再增加貓口的我卻怎麼也拒絕不了。我當然也可以斷然拒絕，但是一想到這隻貓有可能會直接被放生，或是被隨便找個人送掉，就覺得不如自己先當中途接收他，至少他會是安全的。

…是男的
竟然是男生！

爭吵

因為有了先前的經驗，知道成貓來到新環境很有可能會需要一段時間才能適應，因此嚕嚕剛來的第一天，先把所有貓都關在樓上貓房裡。嚕嚕十分親人，一放出籠就馬上倒地撒嬌討摸，於是讓他自己走走適應環境後，打算讓嚕嚕與眾貓們「相見歡」。

真希望由我來掌管後宮

後宮好可怕喔⋯

一入後宮深似海啊⋯

保險起見，我首先派出最溫和的美女招弟，擔任後宮代表來接見新成員，招弟一步一步若無其事的走向嚕嚕，正當我覺得一切都在掌控中的時候，嚕嚕竟狠狠對著招弟哈了好大一口氣！招弟錯愕後退了兩步，隨即生氣的也哈了回去，在後方的阿瑪及三腳馬上出來助陣，剎那間變成三比一的局面，嚕嚕開始到處亂竄，Socles 也不知道在緊張什麼地開始亂跑，三腳不停叫囂著，場面就這樣開始失去控制，我只好先把嚕嚕隔離起來，「初次見面相見歡」果然是無法達成的美夢啊。

你凶屁啊！

哈氣：貓咪表示生氣、威嚇的意思，聲音像「哈」，故有此說法。

團體生活

經過「初次見面就結仇」那天後，嚕嚕變成全貓公敵，就連Socles也有一種學妹升學姊的感覺。嚕嚕就像是個剛進部隊的菜鳥，遭受各位學長姊霸凌。

最剛開始，嚕嚕甚至完全不敢下樓，每當所有貓咪都在樓下放風時，嚕嚕就只敢窩在樓上，哀怨的對著我們隔空吶喊求援。當時的我其實很困惑，究竟把嚕嚕帶回來的決定是對的嗎？但是如果不收養他，讓他最後被放生，導致他在外面無法生存或發生意外，不就更糟嗎？我也曾想過有沒有可能再把嚕嚕轉送到比後宮更適合他的家庭，但這樣不就會對他造成二度傷害嗎？嚕嚕是一隻非常親人的貓，他喜歡一直待在人的身邊，面對這樣的嚕嚕我們真的不想把他送走。

看到朕
還不跪下！

不要對我
這麼凶！

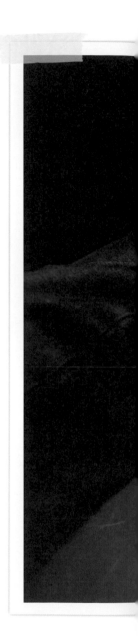

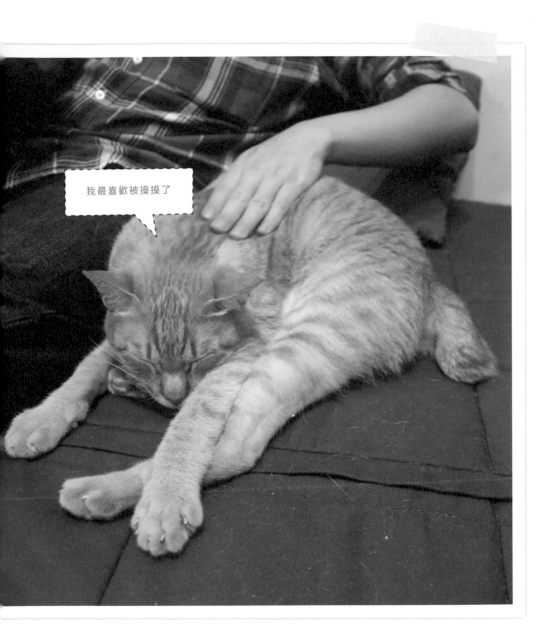

嚕嚕最喜歡靠近人，躺在身旁討摸摸了。

下樓

後來我努力的想辦法要建立嚕嚕的信心，要讓他對自己有信心的第一步就是讓他提起勇氣下樓。光是這件事情就耗費將近一個月以上，一開始我在樓下叫著他的名字，嚕嚕會嘗試下樓，但是走沒幾步，就會被樓下的守門員（其他貓）趕上樓。

後來我決定親自加入戰局，選擇當嚕嚕的隊友，試著抱起嚕嚕，帶著他一起下樓，然後一邊下樓，還要一邊訓斥其他對著嚕嚕及我叫囂的貓咪們。

還是要在樓上呢？

緊張的嚕嚕，下樓前都會左顧右盼一下。

謝謝奴才當我的隊友，陪
我練習下樓，也讓其他貓
習慣我～讓我早點融入後
宮這個大家庭！

1 分不清是敵是友

嚕嚕根本搞不清楚我是他的隊友，一開始要抱起他走下樓的時候，他會抓我甚至想要咬我，然後我因為害怕就會不小心讓自己受傷，接著嚕嚕會跑回樓上窩著，前功盡棄。

2 培養信心

嚕嚕的信心必須不斷的培養壯大，必須連續好幾天成功帶著他下樓，並且確保他平安在樓下度過一整天。他才會記得這一天有「自己是可以在樓下存活」的經驗，而且必須接連好幾天讓他不斷重複這樣的體驗，他才能增加自己的信心。

3 讓大家習慣嚕嚕

必須讓其他貓咪們習慣「嚕嚕這個學弟是可以獨自下樓行動的」這件事情。這也是最麻煩的事情，因為必須很長時間陪在嚕嚕身邊，並且一邊安撫每隻貓，努力用貓草化毛膏來說服他們：「你們看，嚕嚕下樓就會有好事發生喔！」

這是要慢慢練習的喔！

跨出第一步

終於某天，嚕嚕趁大家都還沒下樓前就快速衝下樓，那一刻我簡直感動到快哭出來了，嚕嚕終於克服了自己的心理，我們也再一次克服了這個困難的課題。

現在嚕嚕下午也可以跟大家一起曬曬太陽了！

一邊曬太陽、一邊舔毛，最開心了！

人客，要算命嗎？

★ ★ ★

經過和奴才隊友的訓練，嚕嚕可以在樓上安心的休息，也可以在樓下曬太陽、舔毛、翻肚子了喔，也算是正式被接納為後宮的一員了！

翻肚

現在，嚕嚕和大家雖然還沒辦法像好朋友那樣甜蜜和樂，不過也已經算是相安無事的狀態，也都可以彼此在同一個空間裡活動，雖然偶爾嚕嚕還是會和其他貓咪鬥嘴（也因此才有阿瑪傳的產生）但是已不至於會產生流血衝突。貓與貓的相處其實也跟人類一樣，只要有心，就能變得更好。

後宮阿瑪傳

一段荒謬的劇情

演戲

阿瑪和嚕嚕有時候會在後宮裡互相嗆聲，而這些戲碼，經過奴才翻譯後，變成「後宮阿瑪傳」。當初阿瑪傳第一集在粉絲團公布的時候，得到熱烈的迴響，目前已經播到了第四集，還不知道會不會有第五集(呵)？

時不時就會有互看的戲碼上演

新登場！柚子 位階 小王爺

柚子入宮 2013/11.01

柚子加入後宮的故事十分歡樂，沒有悲慘的身家背景，也沒什麼悲慘的過渡期，一切是那麼自然，他就這樣理所當然變成後宮的小霸王，是個人見人愛、貓見貓愛的小屁孩。

幹嘛拍我？喜歡我？

柚子也是很愛碎碎念，很愛發表意見。

沙啞的叫聲

柚子原本是朋友學弟家美短生的小孩，出生後大約一個月就被送進後宮了。有許多子民都覺得柚子的叫聲非常可愛，奴才們也一直覺得柚子富有磁性的嘶吼系說話方式很獨特，但其實他的聲音曾變成這樣是有故事的。

送柚子來後宮的朋友說，當天從新竹帶著柚子搭乘客運來到後宮時，沿途在車上，柚子就一直用這樣的嘶吼方式不停的吶喊著，結果一到後宮時，柚子一開口，便把奴才們都嚇壞了，明明是可愛賣萌的臉蛋，卻發出搖滾般的沙啞撕裂聲，這樣的反差真的讓人愛死了！

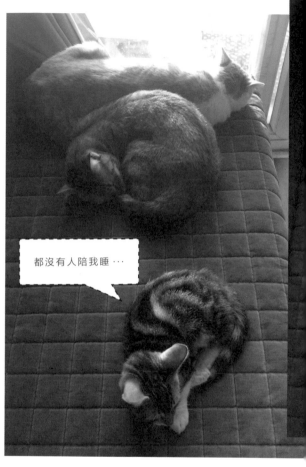

都沒有人陪我睡⋯

大家都喜歡柚子

由於前面幾隻貓的慘痛經驗，讓我很擔心柚子會和眾貓們不合，但
是結果真是令人出乎意料。剛開始大家對柚子有點好奇，不過也許
是因為柚子一副滿不在乎的模樣，大家很快就解除對柚子的戒心，
加上柚子一副可愛少爺的模樣，看到每隻貓就拍拍摸摸的，連三腳
娘娘也被他逗得花枝亂顫。

柚子趁大家睡著時，收服三腳了。

柚子剛來沒多久，就盯上後宮的兩位姊姊－招弟跟三腳。

< 柚子球

收服

更別說阿瑪這個容易被萌小孩收服的貓爸爸，三兩下就被柚子爬到頭上，任憑柚子對他又打又咬，也絲毫不見阿瑪動怒，真不知道該說阿瑪和藹，還是柚子太萌呢！

看到吃的，要馬上撲上去！

好的，阿瑪！

阿瑪：「柚子只有睡著時最乖！」　柚子：「嘻嘻！」

七個月左右的柚子，正是最萌的時期。

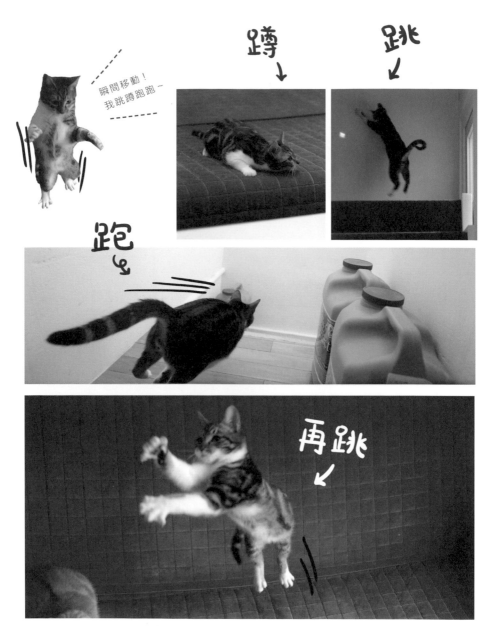

柚子身上疑似安裝超有勁電池，整天都跑跑跳跳。

玩累就睡，睡醒就吃，吃完就再玩的柚子。

新登場！浣腸 位階 皇子

我的故事要開始
了~要好好看噢!

浣腸入宮 2015/05.31

浣腸,這個聽起來有點害羞的名詞(或動詞?),當這個名詞變成了名字,而且是隻貓。若是不知道他背景故事的話,大部分的人都會覺得主人很需要浣腸吧!其實他有段特別的故事,因為浣腸當初是勾到了奴才狸貓,所以以下的內容都交由狸貓來說明。

在 5/14 的傍晚,一如往常的粉絲團收到很多子民的送養、協尋文章,某一封訊息裡面寫著送養資訊,以及附上一個連結,這個連結是 Ptt 的笨板 (Stupid Clown),主題是「當她抱著紙箱上車時,所有人都驚呆了!」,內容大意是女主角 (Kissa) 拿著一個紙箱的故事,話不多說,接下來就來看看 Kissa 的文章吧!

一封 FB 訊息,開啟了另一個故事!

Tesia Chen   2015年5月14日 23:49
https://www.ptt.cc/bbs/StupidClown/M.1431511856.A.BAE.html
阿瑪,可否請聖上協助分享呢?原po是我的好友,專業奴才!但
家中已有兩位皇子,無法再看顧這隻小貝勒啊啊啊啊!如蒙所請,
民女十分感激~

Ptt 笨板:Ptt 為台灣知名論壇,此板收錄許多人分享的生活笨事。

48997　爆　5/13 Kissa　　　□ [大哭] 當她抱著紙箱上車時，所有人都驚呆了

話說昨天去拜訪牙醫，做了令人絕望的根管治療，但這不是重點（喂!!），重點是當我捧著麻麻的臉走去對面藥局領藥時，老闆娘說貨架底下躲了一隻小貓，是被大狗追著跑進來的。

身為一個專業貓奴，聽到這樣的故事怎能不揪心，這不看還好，探頭一看可不得了，是隻目測才一個多月的幼貓仔呀！這顆楚楚可憐的白底橘子，一臉呆滯的縮在貨架隙縫的角落。

「這孩子，我管定了。」（握拳）

也顧不得家裡還有兩隻巨貓嗷嗷待哺，就七手八腳地和藥局老闆合力把貓貓裝到紙箱裡頭，過程中不意外被狠咬一大口，身旁的藥師不愧是藥師，立刻拿出酒精棉片和優碘，做了一個止血消毒包紮的動作。

打包裝箱後火速搭上公車，要趕在動物醫院關門前去給醫生看看，博愛座什麼的已經沒辦法管了，一屁股就捧著紙箱坐下來。就在我找動物醫院電話的時候，總覺得四面八方好像有一道道的目光投射過來，公車上沒有海水，我也有穿著褲子，於是順著大家的目光，我也看向手中的紙箱……箱子上斗大的四個字寫著……

「XX 浣腸！」

　　「XX 浣腸！」

「XX 浣腸！」

　「XX 浣腸！」

就是這個紙箱！

就是這個紙箱！！

我說藥局老闆啊，你這是在整我嗎？身為一個小資輕熟女，便祕這樣的事情當然是難以啟齒，不過根據統計，在台灣每 6 位女性就有 1 人便秘，而女性便秘比例約 16% 又高於男性的 11%，所以拿著一箱「XX 浣腸」搭公車也是很正常的事！（推眼鏡）

欸不對啊！這裡頭是一隻貓咪呀～是隻個頭跟我的屎量差不多的小喵啊～是說坐對面的阿姨，妳是在看我嗎？妳看什麼看？看什麼看啊？政府應該立法禁止公車坐位面對面吧！這麼尷尬的事情，難道臺北市長不用負責嗎！？

可我能怎麼辦呢，然後旋風式地按鈴下車？還是該故作自然地從包包裡拿出優酪乳一飲而盡，擺出一副『老娘就是便秘，有意見逆！』的自信模樣（欸可是公車上不是禁止飲食嗎？）

在我糾結這些問題的時候，公車就已經屎到，不，是駛到動物醫院的那一站。一步兩步、一步兩步，我以魔鬼的步伐優雅走下公車，整個城市，我最時尚。

被狗追真的好可怕 ...

★ ★ ★
浣腸臉上髒兮兮的，
更顯得楚楚可憐……

還好醫生說沒有大礙，只是驚嚇過度和髒兮兮，他目前在好心朋友的寵物美容店裡暫住觀察，是個只敢在沒人盯著看時偷吃肉泥的小男生，打算過幾天洗個香香、拍些美照，再找個奴才伺候他一輩子，為了回饋鄉民，即日起只要報上 PTT 帳號，就加贈一只「XX 浣腸」的箱子喔！

原文網址：https://www.ptt.cc/bbs/StupidClown/M.1431511856.A.BAE.html

推 Vapp：推愛心跟小劇場　　　　　　　　　　　　05/13 22:32

推 rara0802：推貓咪就取名叫浣腸吧 +1　　　　　05/13 22:36

推 Tony01：浣腸，含甘油 15%...XD　　　　　　05/13 22:39

推 tsaiyoyo：推善心，而且我好奇要如何用魔鬼步伐下公車　05/13 22:43

推 aTsia0505：希望好心人快點認養貓咪　　　　　05/13 22:46

推 VCC0227：浣腸好萌 >///<　　　　　　　　　05/13 22:47

推 angerwither：嗯？這樣以後不就「來！浣腸」　　05/13 22:48

推 you841624：感覺原 Po 的生活很壓抑啊！　　　05/13 22:52

推 boss：推，有趣 XD　　　　　　　　　　　　05/13 22:56

推 heyball：原來裝的是貓啊！所以說你便秘真的很嚴重嗎？　05/13 22:56

推 Notice77：一箱會脫肛吧 XD，原 Po 真猛　　　05/13 23:00

推 Way80：推原 Po 需要浣腸　　　　　　　　　　05/13 23:01

推 A9811：阿姨「妹妹啊～要多吃水果喔」（竊笑）　　05/13 23:02

推 Nopp：浣腸：媽咪我的名字是怎麼來的？ 原 Po：網友取的！　05/13 23:05

以上就是 Kissa 圖文並茂的爆笑文章，網友留言推爆了這篇文章，也上了蘋果日報的報導，網友也逗趣的說「那就取名叫浣腸吧～」，所以浣腸的名字就這麼決定了！

決定了……這麼隨便？
我的名字……
浣……腸……

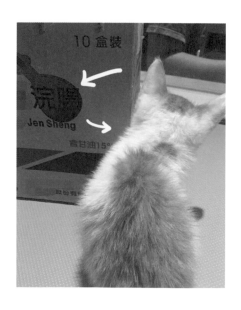

浣腸：醫學的浣腸（灌腸）是指通過肛門引液體灌洗直腸的意思。

★ ★ ★

帶去醫院經過洗澡、除蟲處理、
點去蚤藥後，恢復乾淨活潑的
模樣，而浪貓最需要檢查的就
是白血病、貓愛滋跟貓瘟喔！

竟然擁有粉紅色肉球！

阿瑪的小時候

當時我看到這個文章，如果是正常狀況，不管長得再可愛，奴才我也是不會動心的，畢竟已經有六位主子了，不想再增加了；但看到這隻貓咪的照片後，我馬上打了自己一巴掌，因為浣腸他竟然有跟阿瑪非常相似的毛色分布，乍看之下簡直就是阿瑪的小時候啊！

1 臉部左半邊都是白色

朕⋯朕被盜版了？

2 頭髮都差不多到後腦勺

該不會是朕的皇子？

噴…又喝醉惹禍了(!?)

看過協尋、送養的貓咪無數隻，還是第一次看到這麼像的。

改變生命的未來

我想像他被大狗追趕的樣子，感覺實在是太可憐了，會不會以前阿瑪也被這樣對待過呢？只要這樣想，就很難忽視他，其實很多流浪貓，平均壽命只有三年，原因除了病死之外，就是車禍跟被其他動物攻擊而死，所以，那時半夜還在忙的我，看到這篇訊息整個人都醒過來了，馬上向來訊者透露了想看浣腸的意願。

阿瑪你不要學我啦！！

浣腸你不要學朕啦！！

浣腸跟阿瑪打哈欠的模樣，是不是很像？

正式入宮

在一連串的碰面和健康檢查後，浣腸終於在 5/31 號正式入宮，但因為有些身體檢查需等到 6 月中才能確定，所以至本書截稿前都還是隔離狀態。只有柚子對他充滿好奇，每天都吵著想要看他，而阿瑪和其他人都沒有特別的好奇，其實沒有被厭惡就很棒了，希望他跟柚子一樣，都是調皮鬼、都能成為後宮的小霸王！

柚子……
幹嘛一直看我？

Kissa 把浣腸送來後宮的那一天（阿瑪在後面監視）

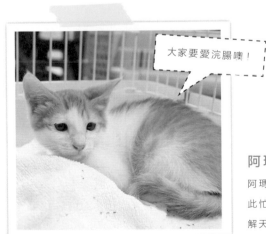

阿瑪打油詩

阿瑪：「浣腸浣腸，天下人都為
此忙，浣腸把浣腸視為己忙，欲
解天下百姓腸，朕實在欣慰。」

後宮是個家

有歡笑，也有吵架。

大家肩靠肩吃飯，你認得出來誰是誰嗎？

★ 由左到右：柚子、嚕嚕、Socles、阿瑪、三腳、招弟

減肥永遠是明天的事

學習整頓後宮事務

後宮成員們入宮後，每天都非常熱鬧，然而這些看似幸福美滿的背後，其實也是我們奴才們不斷努力的成果。

為了阿瑪及這些後宮們，我們做了許多功課，並且一直持續在學習中，養貓不只是一個樂趣，更是一個很重大的責任，每位貓主子的幸福，都掌握在我們每個奴才手中，也希望大家不僅要努力學習養貓的各類知識之外，也要每天觀察各位主子的生理及心理狀況喔！

今天到底吃了幾顆飼料呢？

希望貓咪們都過健康快樂，是每個貓奴的心願。

1.飲食

「絕對不能拿人吃的東西給動物吃」

這是身為一個奴才最首要必備的常識。

早期只有阿瑪獨自一貓時，我們就只給他吃貓咪專用的乾乾，不過那時候都是採用吃到飽的任食制，每天阿瑪吃飽就玩（當時還年輕有活力），玩累就睡，然後睡飽再吃，日復一日重複這樣的循環，阿瑪胃口一直非常好，從來不會挑食，就這樣，阿瑪從帥氣英挺的「阿瑪哥」，變成身材與氣質都霸氣十足的「阿瑪皇上」了。

什麼？你在吃雞排？
那個對貓咪不好噢！

在中和時期的阿瑪，跟現在一樣愛吃！

朕要吃到飽！

扭 扭 扭 扭

千萬不能輕易答應他們萌萌的要求，
這是他們的戰術！

定時定量制

有效控制貪吃阿瑪食量的好方法。

一直到其他貓咪們陸續入宮後，仍舊維持著只吃乾乾（寵物飼料）的餵養方式，所幸每隻貓咪都不太挑食，奴才也就一直維持這樣的模式侍奉著。不過後來奴才發現，其他貓通常吃飽就會自動停止進食，只有阿瑪，他好像覺得如果不趁大家沒在吃的時候趕緊狂吃，等等就會被吃光，因為有這種心態，導致他成天不停的吃，餓也吃、不餓也吃、想到就吃，然後身材就一天比一天更……（啊！阿瑪叫我不要再說下去了！）

於是我們開始調整餵食的方式，不再採取任食制，改成以定時定量的方式取代。

剛開始先改成一天五餐，接著慢慢變成四餐，直到現在一天是吃三餐，一開始他們都有些不習慣，肚子餓的時候會跟我們抗議，然後用萌萌無辜的表情問你：「乾乾怎麼沒有了呀？」這時候我們就要記得裝作聽不懂，他們抗議個幾天都無效之後，就會慢慢習慣了這種「有時候肚子會餓餓」的感覺了！

哼！那麼胖還想要吃到飽～

「隔離吃飯」與「慢食盆」

控制阿瑪體重的大絕招，也是最後一招！

過了一陣子之後，我們發現很奇怪，明明都已經改成定時定量了，為什麼阿瑪還是越來越……壯呢？於是我們開始埋伏在角落觀察他們的吃飯實況，終於發現盲點。

原來，每次大家都吃完之後，其他貓的習慣是一吃飽就會下樓，但是阿瑪不會，阿瑪吃完會待在原地看大家吃，並且耐心的等大家都吃飽，然後他再一個一個檢查，大家有沒有遺漏的乾乾，如果發現了逍遙法外的乾乾，絕對會當場繩之以法。每隻貓的食量都不太一樣，像是三腳或 Socles 的食量都比較小，通常都不會吃完自己的分量，於是阿瑪可以吃得非常飽，每次都變成最後一個下樓。

慢食盆→

慢食碗有很多種類，
要記得選用貓咪的喔！

為了解決這個問題，我們開始採取「隔離吃飯」，但同時我們認
為還有一個大問題必須解決的是，大家自從沒有吃到飽後，吃飯
都變得很急，很怕別人搶自己的，所以都吃得很快，有時候甚至
因為狼吞虎嚥，剛吃下去的東西沒過多久就吐出來，既浪費又傷
身。

於是為了大家身體健康，除了讓阿瑪「隔離吃飯」之外，還讓大
家使用「慢食盆」。慢食盆的好處是，讓大家吃得慢一點，也會
比較好消化，透過「隔離吃飯」加上「慢食盆」的交互作用，阿
瑪的減肥計畫才總算有點進展。

喝水的重要

用主食罐加水，誘騙貓咪多喝水！

因為後宮是多貓共存，雖然有在不同角落都放了乾淨的水全天供應，但是實在很難確切判斷哪些貓不愛喝水，雖然都有看過他們飲水的畫面，但是仍然會擔心是不是喝得不夠。

同時，因為有定期帶阿瑪他們去做抽血檢查，發現都有一個共通點，就是蛋白質都有些微的缺乏，雖然醫生覺得大致上沒有大礙，但我們總是希望各位小主及皇上的健康是盡量完美的，經過跟醫生討論過後，也透過網路查了許多資料，決定除了乾乾之外，再另外補充「主食罐頭」。

比起副食罐，主食罐價格較昂貴，但是對貓身體比較好，營養價值較高，並且可以補足乾乾所缺乏的營養素。不過主食罐的品牌種類很多，大家可以利用網路多多比較找出最適合家中貓主子的品牌來餵食。

餵食主食罐，我們都會加水攪拌，比例可以依照不同貓喜好來做調整，像我一次會開一罐罐頭，分成六等分，每一等份大約加四湯匙的水（或者更多），這樣就可以確保每隻貓咪們都喝到足夠的水分，也能增加他們飽足感。

目前後宮每天的三餐裡，早晚餐都是吃乾乾，午餐就是吃主食罐加水，雖然有聽說乾乾跟罐罐不能同時餵食，因為貓咪對於兩者的消化速度不一樣，不過詢問醫師後，醫師表示此說法並無驗證，不必過度擔心。

我是後宮愛用的喝水馬克杯！

151

2.多貓環境

「多貓家庭的問題」

有人的地方就有紛爭，貓也是。

阿瑪的後宮裡，空間不算小，但是也不算非常大，就是兩隻貓常常會狹路相逢的那種空間大小。

他們就像人類一樣，每隻貓的個性都不一樣，柚子活潑愛裝熟，Socles 就是小家碧玉害羞靦腆，嚕嚕白目又不會看臉色，招弟乖巧溫和，三腳儀態很好但是脾氣不好，阿瑪就是標準的惡霸色大叔，他們在後宮裡面碰撞摩擦，同時也學習著社會化。

多貓家庭是很多愛貓人的夢想願景，但若想飼養多貓，就應該先了解及將可能面對的種種問題。

不要對我太凶啦！

相處在同一空間，維持著臉對屁股的距離。

後宮潛規則

後宮裡的情感磨合。

後宮裡有兩個現象，說起來都很妙！

公貓會互相討
厭，阿瑪和嚕
嚕互看不爽。

兩位很常這樣面對面做
溝通，通常過個五分鐘
就各自散開了。

常常透過玻璃門偷看大家的嚕嚕

哎呀～貓際關係真的好不簡單啊！

2

母貓都會跟公貓保持距離，三腳和Socles都不喜歡男生太靠近。

可是如果在幼貓時期就進宮，都剛好是例外，像柚子跟大家都處得不錯、招弟也很愛阿瑪。

走開！

臭男生不要靠近我們……

Socles 非常怕阿瑪摸她的屁股，而三腳也不喜歡被摸屁股！

一起睡覺的好夥伴

雖然說女生有時候討厭臭男生，但是三腳還是偶爾會跟阿瑪睡在一起，這到底是阿瑪的諭令，還是阿瑪的魅力呢？

三腳趁阿瑪睡覺偷偷靠近他、聞聞他。

一起蜷成兩顆花生麻糬

阿瑪是個皇上，同時跟兩位美女，招弟和三腳肩靠肩著睡覺，也是再正常不過的事情了。

沒事多睡覺
多睡覺沒事

一場柚子保護阿瑪的戰鬥 (?)，但阿瑪從頭到尾昏睡不醒。

小貓的優勢

小貓入宮自然有他們的優勢，一方面是因為年紀小、外表無害，另一方面是因為第二性徵還沒成熟，所以不會散發出讓其他貓不舒服的賀爾蒙，因此小貓總是那麼容易和大家打成一片。

2011/06.22
剛進後宮的小招弟

我是小貓！

小貓真的超可愛的……

2014/01.20 小柚子和阿瑪

小貓最可愛！
大家都愛我們！

吃飯就不要吵架喔！

OK! OK! OK! OK! OK!

大家一起和平的用餐

不過除了小貓（招弟、柚子、浣腸）之外，三腳、Socles、嚕嚕入宮
時都已經是成貓了，不可避免的就是與舊貓之間的磨合，這段時間，不
僅貓咪要努力適應改變後的環境，我們奴才也一定要替主子們找到好的
方法，幫助他們早日相安無事，我們也才能落得輕鬆啊！

貓砂盆
貓咪的專屬廁所

家貓的日常生活一定少不了貓砂盆,一般而言,貓砂盆的數量通常維持在「貓口數 + 1」是最適當的。然而他們對於貓砂盆的使用,常常與對環境的適應程度息息相關。

朕要上廁所了!

要乾淨的砂,朕才會上喔!

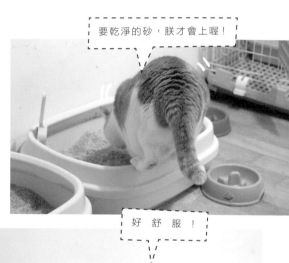

好 舒 服 !

★ ★ ★

阿瑪有點小潔癖(可能是貓都有吧),每次換完貓砂的時候,阿瑪都會衝過來第一個使用,而阿瑪使用的貓砂盆,砂的分量一定要足夠,不然可是會「翻盆」的!

通常貓砂盆應該要分散放在屋內的各個角落，方便讓他們使用，但是還無法適應新環境的貓，就很容易會在貓砂盆以外的地方亂大便尿尿，遇到這種時候，就必須找出他們亂便溺的根本原因，才能夠對症下藥。

預防亂尿尿 方法 1：放罐頭在貓沙裡（誤）

抗拒貓砂盆的原因

就後宮的這些主子們來看，除了阿瑪以及從小就來的招弟與柚子之外，其他三位在剛來時，都曾經發生亂尿尿的狀況，都有好一段時間不太願意使用貓砂盆，但是原因都不一樣！

三腳是因為有幽閉恐懼症，所以不願意到貓砂屋裡；Socles 是因為需要一個她自己擁有的個人空間，所以一直到為她購買了大籠子之後，她才能好好在裡面上廁所；至於嚕嚕，則是因為剛到新環境很沒有信心，害怕誤入別人的地盤，所以一直待在貓房的某個角落，明明貓房裡放了好幾個貓砂盆了，但他就是不願意去上，後來把其中一個貓砂盆移到他常待的角落（大概距離三公尺），他就再也沒有隨便便溺了。

還沒清?

我們亂尿尿
你才會知道
你錯了!

動作快
一點!!

★ ★ ★
保持貓砂盆的
乾淨很重要,
因為朕會每天
巡視噢!

這些原因看起來似乎很簡單,也很好理解,但是當我們全無線索
及經驗的時候,真的需要足夠的耐心及時間,才能夠找出解決的
方法。

有趣的是,通常在找到原因時,我們都會很懊惱自己怎麼會那麼
遲鈍,竟然那麼晚才發現,害他們受了那麼多苦。但是每當解決
完類似的問題後,我們就會發現,這些主子們好像又更信任我
們,也更愛我們了,我想這就是為什麼,我們這些奴才願意這麼
死心塌地為他們付出了吧。

專屬小空間
屬於他們的小小角落

不論貓咪親人與否，他們都需要擁有自己的隱私空間，就算是非常親人親貓的主子，他們偶爾也會有想要獨自冷靜的時刻，當然，這除了跟他們的個性有著很大的關係之外，其餘因素像是心情、天氣等也都會造成影響。

嚕嚕最喜歡
待的地方

這邊可以放手～
真的很懶很舒服！

阿瑪最喜歡塞滿整個紙箱了！

躲在角落偷看大家的 Socles

紙箱就是朕的小宇宙！

在後宮裡，我們時常會準備一些貓窩或是紙箱給他們使用。冬天時，他們喜歡窩在一起取暖，夏天炎熱，所以就比較習慣各自散開乘涼，但是不管冷熱，他們都還是會有各自習慣待著的小空間。這樣的小空間對於貓奴來說，或許覺得可有可無，但對貓主子而言卻是非常重要的。

一屁股坐在兩個盒子裡，好舒服喔！

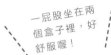

偶爾會坐在紙盒裡的招弟

三腳也跟嚕嚕一樣挺中意這個地方的

柚子有看到箱子就會往裡面跳的體質！

箱子姊姊！
箱子姊姊！

★ ★ ★
被柚子喜歡、靠近的東西就會被稱作「姊姊」。

枕頭

貓是很有個性而且情緒豐沛的動物，就像
人一樣，他們覺得自己是個個體，他們需
要自由，也需要空間，他們把人類當成室
友（或是奴才），所以理所當然也會有希
望不被打擾的時刻，尤其是在多貓家庭
裡，難免會有不擅長處理「貓際關係」或
是比較「多愁善感」的主子，他們就會很
需要屬於自己的小基地，讓他們能夠充
電，好好的撫平自己的情緒的地方。

當然，偶爾也會像這樣把奴才當枕頭。

3.行為與情緒

「貓咪也有情緒」

心情好，心情壞，都要陪著他們。

貓的情緒本來就捉摸不定，更何況是在後宮這樣的多貓家庭裡。

其實他們的行為及情緒，多少都與他們的過去有關，因為每位主子的身世都不太一樣，在他們心中都有一些只有自己知道的過去，我們只能透過以前的主人或是送養人來更認識他們，但像是阿瑪，沒有人知道他的過去，所以我們只能用他的行為來揣測他過去可能發生的事情。

有家教又霸氣的阿瑪

阿瑪是否曾經有過家呢？還是天生脾氣好？

我們一直認為阿瑪原本就是家貓，主要原因有兩個：

1

一直以來，
阿瑪都很害
怕咬到人。

阿瑪不是「不咬人」，而是「害怕咬人」，
這點我們一直想不通。阿瑪剛來的時候，我
的手曾經不小心碰到他的牙齒，當時阿瑪反
應很大馬上逃走，一開始我以為是自己不小
心弄痛他了嗎？

阿瑪：
「朕才不會亂咬人勒！」

但是後來又發生幾次同樣的事件，阿
瑪都是一副做錯事落跑的樣子，而且
每次都是在跟他玩到最激烈，手不小
心碰到他牙齒的時候，所以我們推測
阿瑪在小時候應該就有被人類嚴格的
訓練過，甚至可能只要他咬人就會被
揍，才會讓他這麼害怕咬到人。

朕的牙齒是
用來吃飯的！

170

朕是有家教
的皇上。

2

因為發情，
在台南曾經
逃跑過。

阿瑪跟狸貓回台南的時候，發生了因為發情而逃家的事件。所以我們猜想，阿瑪當初可能是因為發情自己逃跑，或是被主人拋棄。

因此剛看到阿瑪時，就覺得阿瑪好像懂得很多事情，跟我們說的每一句都是有意義的，總覺得他有想法、有故事，也特別霸氣，理所當然我們就是該順服於他的。

跟你說……台南的妹很不錯。

（昏君）

不會呼嚕的招弟

阿瑪的皇后，行事低調深受阿瑪喜愛。

當年招弟入宮時，大概才一個月
大，雖然自小就失去貓媽媽和其他
兄弟，卻一直都有阿瑪在旁細心呵
護，可是不知是不是太小就失去媽
媽的緣故，招弟不會呼嚕，也完全
不會踏踏，雖然如此，但若要摸她
抱她其實都沒問題的。

是鳥蛋!?

有...有事嗎?

★ ★ ★
安靜的招弟有時候
會突然玩起什麼東
西來，然後就默默
自己一貓在旁邊
high，不小心被
發現還會裝鎮定。

雖然招弟平常不太會主動撒嬌，但可以算是後宮裡最溫和的，除了沒什麼脾氣之外，她也很少講話。也許就是因為她這樣不慍不火的個性，才讓阿瑪如此著迷吧！

招弟：「難過就到我懷裡吧！」

多練點手勁，這樣幫阿瑪按摩才有力氣！

刀子嘴豆腐心的三腳

連阿瑪也要退讓幾分的娘娘。

三腳從前在外流浪時，因為少了一隻手，又加上以前常被欺負，導致她對於其他同類常常懷有警戒心，所以進入後宮的三腳脾氣比較易怒，這也就是為什麼三腳會這麼常罵其他貓，甚至是阿瑪了。

★ ★ ★

三腳的左手前掌不見了，醫生說有很多種可能，很難準確判斷，最有可能的就是三腳踩到捕獸夾才這樣的。

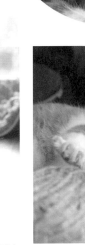

玩到毛起來了！

雖然如此，但三腳其實只是刀子嘴，罵貓罵得很難聽，睡覺或是休息的時候，還是常常和大夥靠在一起睡，有時候甚至會幫忙舔皇上或其他小主的毛，常常有對他們不熟的人看到三腳罵貓的狀態，就覺得他們水火不容，其實不是，那只是他們相處的模式，而且三腳總是用那隻斷手來打別貓（因為另一手要撐著地面），其實根本打不到，而且就算打到也不會受傷啊！

神經質又多愁善感的 Socles

心底藏著許多事情的搜可史。

女人心事…

不知道是黑貓天生有神經質的基因，還是 Socles 忘不了從前的情人 Chylus (區了斯)，總覺得她既神經質又多愁善感，只要有一點小動靜就很容易被嚇到，也很常獨自發呆，一副心神不寧的模樣，雖然如此，但她只要待在我們身邊，就又會覺得很安心放鬆。

剛來後宮時，無論吃飯、睡覺、上廁所，Socles 都堅持要到大籠子裡，不願意跟其他貓打交道，雖然沒有敵人，但也沒有朋友，不過也許是已經習慣了這個環境，真的把後宮當成自己的家了，現在的 Socles 已經可以經常跟大家一起生活了。

不知道 Chylus 最近在做什麼呢？

★★★

Socles 其實很可愛，全身黑黑的，叫聲也很可愛，很會跟人撒嬌討摸摸，搭配大大的眼睛，真的是超萌！

176

我是 Chylus
（區了斯）

Socles 以前的好朋友

雖然在社交這方面，她還是習慣自己一貓，但感覺得出來，她也努力在適應少了 Chylus 的貓生，學習接受新的朋友，不過很奇妙的是，目前她還是無法讓阿瑪、嚕嚕、柚子接近自己，或許是認為 Chylus 總有一天會回來找自己的吧。

跟人一起睡覺，可以放得很鬆。

這邊是哪裡？好害怕

Socles 容易緊張，去醫院都要扶著她。

其實一直對 Socles 很愧疚，當初去領她來後宮時，沒有讓她好好與 Chylus 告別，或許當時的他們以為，等到晚上彼此就會再相聚了，但這一別就是好幾年的時光。前一陣子我們聯絡了 Chylus 的主人，原本打算讓他們再見見面，沒想到卻得到令人難過的消息，Chylus 已經因為腎臟病去天堂當天使了，當下真的既傷心又難過，我們當然沒有告訴 Socles 這個消息，也許就讓她心中一直懷著能再見到 Chylus 的希望，對她才是最好的吧。

單純傻氣又健忘樂觀的嚕嚕
跟嚕嚕相處可以很放鬆、也可以很緊張。

嚕嚕進宮前，在那個家庭中就只有他自己一貓，可能因為沒有跟其他貓相處過，造成他有點小霸王的個性，有點任性也有點直接，這也造成他後來進入後宮與眾貓相處上產生很大的問題。

在跟人相處的方面上，雖然非常親人，但卻常常容易讓人受傷。嚕嚕個性很直接，常常會自己來討摸，但是幫嚕嚕按摩時，必須非常專心，必須隨時觀察他的表情及心情轉變，當他有任何意見時，像是太大力、太小力、位置不對、按太久了……，只要是他有點不滿意，他就會直接選擇用咬的或是抓的這類攻擊性行為來表現，如果我們沒有及時縮手防備，就很容易受傷。

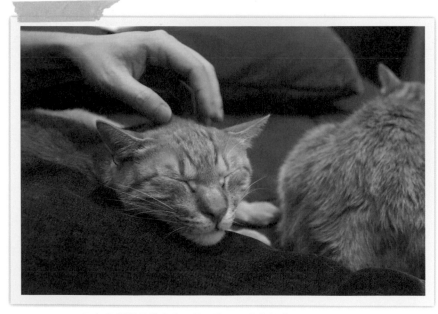

正在放鬆撒嬌的嚕嚕，很可能下一秒就抓你一下（哭）。

嚕嚕也是緊張大師！

撒什麼嬌，都幾歲了。

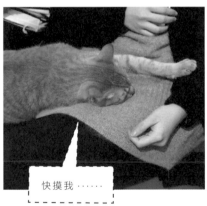

快摸我……

★ ★ ★
嚕嚕雖然臉長得比較不和藹，但搭配
起愛撒嬌的個性，呈現出來的高反差
還是吸引不少人的愛戴。

我們知道嚕嚕不是故意要攻擊人的，但這就是他表達的方式，有時他對
我們表達抗議跑掉之後，不到五分鐘就會回頭來撒嬌，總之就是個超級
單純又不記仇的真性情男子啊！

鼻頭黏了顆貓砂（不要告訴他）

精力旺盛的柚子
幼稚又充滿好奇心的小屁孩。

柚子入宮時年紀還很小，一副什麼事都不懂、天不怕地不怕地樣子，又加上大貓們對他都非常的照顧，遇到柚子白目對他們不禮貌的時候，也都不會跟他計較，所以柚子就越來越頑皮，開始一天到晚逗弄大家，甚至連阿瑪、三腳他們都拿柚子沒辦法。

不過老貓們體力總是有限，等到他們都累了懶得理他時，就是我們奴才被找上門的時候。聰明的柚子總會記得我們把每個玩具藏在哪些地方，當他想玩耍時，就會一一找出來逼迫我們陪他玩，等到他真的玩累了，才是全部人貓都可以休息的時刻。

有敵人靠近的感覺……

是尾巴！！！！

當然也可以玩自己

好奇心旺盛的柚子還很愛望著窗外，有時候是在看小鳥，有時候外面什麼都沒有，他也會花一整個下午的時間，在窗邊這樣靜靜站著，或許，在柚子小小的腦袋裡，對這個世界的好奇，遠遠超乎我們的想像吧！

地毯姊姊……
衣服姊姊……

小鳥姊姊好漂亮喔！

嘿嘿嘿……

騎 →

雖然柚子已經結紮了，但因為還年輕，可能體內還有殘存的「衝動」，所以有時候看到一些棉質物體，比如說抱枕、衣服、地毯，都會不由自主的騎上去，這時候我們會稱這些物體為姊姊，例如：地毯姊姊、衣服姊姊，柚子真是長不大啊！

YA!

PART4

後宮悄悄話

子民提問，後宮回答！

結語

貓咪社團與粉絲團

子民 阿瑪你眾多後宮中最喜愛誰？
讚‧回覆　5月31日 12:56

子民 嚕嚕你為什麼要跟阿瑪吵架？
讚‧回覆　5月31日 12:00

子民 阿瑪的三圍是多少呢？
讚‧回覆　5月31日 12:00

子民 阿瑪說話有多少種叫聲？
讚‧回覆　5月31日 12:00

子民 請問阿瑪‧你對台灣寵物要繳稅的看法？因為我們家有狗有貓還有豬‧若要課稅我們都不敢認養流浪寵物了。
讚‧回覆　5月25日 21:55

子民 請問皇上‧後宮一個月的伙食費？
讚‧回覆　5月25日 22:01

子民 奴才每天都只給你一頓飯嗎？
讚‧回覆　5月25日 23:03

子民 就平常的影片的影片來看‧感覺奴才有一點點偏愛阿瑪耶？愚民多心了嗎？
讚‧回覆　5月25日 21:55

子民 對於奴才一直要你減肥這件事情‧你有何感想？
讚‧回覆　5月26日 23:57

子民 阿瑪最愛食物排行榜？
讚‧回覆　5月21日 09:01

子民 想知道阿瑪多久洗澡一次？何時有拍阿瑪洗澡的影片？阿瑪有沒有害怕的東西或事情？阿瑪何時才會認真減肥？能拍阿瑪剪指甲嗎？
讚‧回覆　5月25日 21:55

子民 阿瑪你是什麼品種的貓啊？
讚‧回覆　5月26日 0:06

子民 變成瑪瑪蟲的心路歷程？
讚‧回覆　5月25日 22:01

子民 阿瑪到底為什麼會跟人撞頭？
讚‧回覆　5月25日 23:03

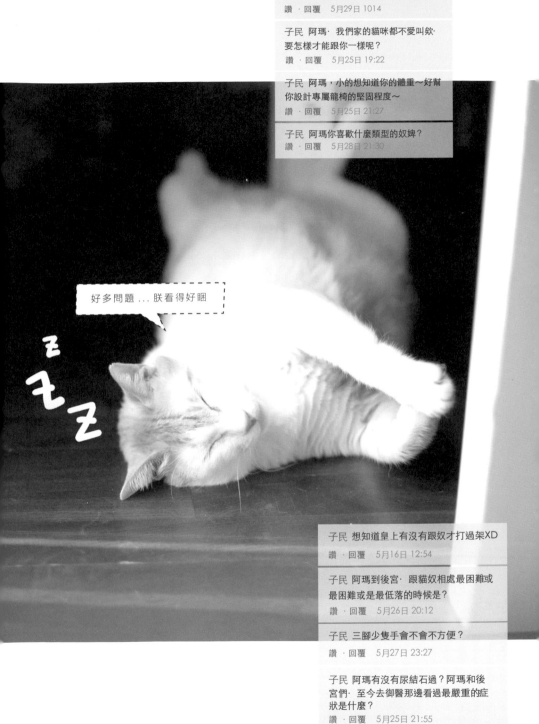

嗨！多多指教！！

Q： 阿瑪覺得現在的生活過的幸福嗎？遇到奴才之後的改變？

A： 朕覺得除了身材改變之外，都過得很棒啊，你知道浪貓平均活多久嗎？平均是 3 年！如果不是朕撿到奴才，朕可能早就歸西了，流浪貓這麼多，大家不要再買寵物了好嗎？

Q： 阿瑪的三圍是多少？
A： 這是國家機密。

Q： 阿瑪您眾多後宮中最喜愛誰？
A： 朕不想說，你想害朕的後宮不安寧嗎？

Q： 嚕嚕為什麼你要跟阿瑪吵架？
A： 我只是在跟他玩鬥嘴比賽，看阿瑪跟我 ... 到底是誰的吵架功力比較強！贏的人可以多吃一碗喔！

Q： 阿瑪說話有多少種叫聲？
A： 你說朕說話是在叫 !??

Q： 阿瑪我愛你，你愛我嗎？
A： 子民愛朕，朕愛子民！

Q： 阿瑪最愛食物排行榜？
A： 1 化毛膏 2 罐頭 3 乾乾

Q： 招弟是何時晉升皇后的？
A： 從她入宮第一天開始，因為她是朕的第一個女人，當然朕也覺得她非常可愛！

Q： 就平常的影片來看，感覺奴才有那麼一點點點的偏愛阿瑪耶，是愚民多心了嗎？
A： 朕是皇上，這是應該的啊！

Q： 對於奴才一直要你「減肥」的這件事，你有何感想？
A： 喊喊口號、做做樣子不難啊！

Q： 阿瑪為什麼敢自稱朕呢？
A： 來人！拖下去一丈紅！

Q： 我可以加你的 Line 嗎？
A： 朕 ... 朕的手機壞了。

Line：朕之前在 fb 上 Po 過一則朕用 Line 跟奴才聊天的影片，搞得大家都想要朕的 Line。

這就是瑪瑪蟲！

Q：阿瑪：你的皇朝有沒有什麼年號呢？
A：「萬睡」或是「吃寶」吧

Q：什麼問題都可以請教嗎？ 請問，我媽咪不讓我養貓咪，怎麼辦？
A：叫媽媽買朕的建國史，看完應該會先愛上朕，然後會再愛上貓咪噢。

Q：為什麼阿瑪可以這麼愛說話，且您的奴僕怎麼都知道您想表達什麼呢？
A：朕就是愛碎碎念而已，沒什麼意思，然後朕有教奴才學貓語啊！

Q：阿瑪剛到後宮，跟貓奴相處最困難或是最低落的時候是？
A：肚子餓的時候最低落。

Q：三腳少隻手會不會不方便？
A：本宮覺得還好，只是左手少了手掌而已，用左手打人打不到，這樣既有嚇阻功效、又不會傷害到別人，還不錯喔！

Q：變成瑪瑪蟲的心路歷程？
A：能吃就是福，朕覺得開心。

Q：想知道皇上有沒有跟奴才打過架 XD？
A：都是朕欺負奴才，奴才怎麼有這狗膽打朕呢？沒大沒小！

Q：阿瑪到底為什麼會跟人撞頭？是奴才特別訓練的嗎？
A：誰敢訓練朕？朕是自己會的啦！

Q：阿瑪有沒有尿結石過？阿瑪和後宮們，至今去御醫那邊看過最嚴重的症狀是什麼？

A：目前沒有尿結石過，可怕的一次是幫阿瑪按摩時，赫然發現背上有個小腫塊，很害怕是惡性腫瘤，後來經過診斷發現好像是脂肪瘤，就比較沒有大礙。

瑪瑪蟲：朕睡覺會收起手跟腳，看起來有點像蟲，故取此名。

真多問題啊～

Q：想問阿瑪的特技是？
A：撞頭跟逮捕乾乾。

Q：阿瑪的抓抓功為什麼都可以不休息的連環抓？這樣抓玻璃爪爪會不會受傷呢？
A：朕的抓抓功苦練多年，豈會因為抓玻璃就受傷呢？朕還怕不小心把玻璃弄破呢！

Q：你的國家政策是什麼？
A：成天不做事，沒事就吃飯，吃飽大家看看朕的帥照，療癒一整天，歡喜一輩子。

Q：柚子你最愛哪個姊姊？
A：上禮拜是衣服姊姊，這禮拜是抱枕姊姊，最近是奴才的襯衫姊姊喔！

Q：請問你的毛是什麼材質做的呢？
A：大概是肉鬆吧！

Q：請問阿瑪，你對台灣寵物要徵稅的看法？因為我們家有狗跟貓還有豬，若要課稅我們都不敢認養流浪寵物了
A：如果要課稅，要拿出好的條件跟人民談，比如說開創寵物健保、安置流浪貓狗等完善且創新的多種配套，不然在目前台灣的寵物保護法令、寵物買賣制度下，很容易造成民眾疑慮，甚至會造成棄養潮，這些都是台灣政府要面對的嚴肅問題。而且在更大的原則下，很多台灣人（沒養寵物）對寵物還是停留在「寵物是畜生」的觀念，觀念的改變，也是政府該負責的。

Q：阿瑪最滿意自己什麼部位？
A：臉吧，小臉圓眼，真是帥。

Q：阿瑪，我們家的貓咪都不愛叫，要怎樣才能跟你一樣？
A：先吃胖看看，搞不好胖了就會有話想說了。

抓抓功：在朕 fb 粉絲團的影片「後宮放飯記」裡出現，當時引起一片轟動！

肉鬆：朕睡覺時，毛會散開，子民覺得很像肉鬆！

都是姊姊問的嗎？

Q: 奴才都用什麼軟體剪接呢？
A: 奴才都用 Premiere 喔！

Q: 奴才都用什麼拍照和修圖呢？
A: 朕看他拍照都用一個黑色物體，好像叫做 canon 的 5D3，修圖軟體似乎是 Photoshop！

Q: 阿瑪有空可以多拍些短片嗎？
A: 朕處理國事很繁忙，你還要朕演戲給你們看啊，好啦朕會加油。

Q: 阿瑪減肥失敗幾次？
A: 朕有減肥過？（裝傻）

Q: 阿瑪有要替王位傳承做準備嗎？擇位皇太子做即位的打算嗎？
A: 朕之前有考慮過柚子，不過柚子太風流了，太愛玩姊姊了，所以目前應該會某位神祕人物作為考慮。

Q: Socles 為什麼不讓阿瑪碰？
A: 我雖然已入後宮，但心還是在區了斯身上啊……

Q: 阿瑪，你想對那些棄養動物的人施什麼酷刑？

A: 全家一丈紅！教養不好爸媽也有責任！但其實說真的，朕知道德國政府對寵物非常愛護，光是丟棄寵物，就至少要罰款約 90 萬台幣喔！棄養動物固然是丟棄人的問題，但是政府若有帶頭呼籲民眾、加強法令的制約、遏止寵物買賣，也許台灣整體對於寵物的態度會更好，因為寵物不是物品，是生命啊！

Q: 招弟愛阿瑪嗎？
A: 本宮很愛阿瑪，阿瑪是我第一個男人，我會默默在他身邊支持他！

Q: 三腳娘娘喜歡招弟嗎？
A: 本宮很欣賞她，因為招弟雖是皇后，卻很低調～而本宮會好好管理後宮，各司其職，讓阿瑪不要擔心後宮！

結語

每天都在工作與寫書之間忙碌著，即使再累再辛苦，也甘之如飴。真的超期待這本書的出版，對我們而言，這是可以記錄阿瑪及後宮們最重要的一件事。

謝謝各位子民們，陪著我們一起守護著這些主子們。謝謝出版社的李小姐及主編，非常有耐心的幫我們處理所有細節。謝謝身邊的所有人，願意忍受我們把後宮事物永遠放在第一位。謝謝阿瑪、招弟、三腳、Socles、嚕嚕、柚子、浣腸，你們讓我學會有耐心，學會不計較付出，學會無私的愛。

謝謝你們，因為你們，讓我的生命如此精采。

奴才 / 志銘

半夜三點，我正趕著替這本書做排版，而粉絲團還有好多認養文、協尋文和問題要回覆，這時候我都會跟自己說，如果能幫到別人，就算只有一點點，那阿瑪就算發揮到他的影響力了，這樣想，就突然覺得不累了。

後宮好多貓，每次工作室需要出遠門，都要麻煩身旁的親朋好友來當奴才照顧他們，謝謝你們（跪），還有我親愛的家人，因為阿瑪在我學生時期的飼料費，都是他們出的啊，阿瑪的食量其實真的頗大的！以及所有愛護阿瑪的子民們，跟你們分享阿瑪後宮們的照片、影片，實在是最愉快的事情了，阿瑪和後宮們有你們的喜愛，也是他們的幸福喔！謝謝你們！

奴才 / 狸貓

黃阿瑪的後宮生活 Fumeancats
阿瑪建國史 經典改版

作　　者	黃阿瑪；志銘與狸貓	總編輯	賈俊國
攝　　影	志銘與狸貓	副總編輯	蘇士尹
封面設計	米花映像	編　輯	高懿萩
內頁設計	米花映像	行銷企畫	張莉滎・黃欣・蕭羽猜

發 行 人　何飛鵬

法律顧問　元禾法律事務所・王子文律師

出　　版　布克文化出版事業部
　　　　　台北市中山區民生東路二段 141 號 8 樓
　　　　　電話：(02)2500-7008　傳真：(02)2502-7676
　　　　　Email：sbooker.service@cite.com.tw

發　　行　英屬蓋曼群島商家庭傳媒股份有限公司城邦分公司
　　　　　台北市中山區民生東路二段 141 號 2 樓
　　　　　書虫客服服務專線：(02)2500-7718；2500-7719
　　　　　24 小時傳真專線：(02)2500-1990；2500-1991
　　　　　劃撥帳號：19863813；戶名：書虫股份有限公司
　　　　　讀者服務信箱：service@readingclub.com.tw

香港發行所　城邦（香港）出版集團有限公司
　　　　　　香港灣仔駱克道 193 號東超商業中心 1 樓
　　　　　　電話：+852-2508-6231　　傳真：+852-2578-9337
　　　　　　Email：hkcite@biznetvigator.com

馬新發行所　城邦（馬新）出版集團 Cité (M) Sdn. Bhd.
　　　　　　41, Jalan Radin Anum, Bandar Baru Sri Petaling,
　　　　　　57000 Kuala Lumpur, Malaysia
　　　　　　電話：+603- 9057-8822　　傳真：+603- 9057-6622

印　　刷　卡樂彩色製版印刷有限公司
初　　版　2021 年 9 月
初版7.5刷　2023 年 9 月
售　　價　350 元
ISBN 978-986-5568-95-5
EISBN：978-986-5568-979（EPUB）

© 本著作之全球中文版（含繁體及簡體版）
為布克文化版權所有・翻印必究

柚子
的玩具
↓

城邦讀書花園
www.cite.com.tw

布克文化
WWW.SBOOKER.COM.TW

動動手～網路搜尋就可以找到喔！

阿瑪的粉紅色肉球

貓咪社團與粉絲團！

現在網路資訊發達，但也因為如此，讓人不知道從何下手，朕請奴才整理了網路上很有用的一些網站，希望給有需要的子民噢！

貓咪救援、中途及送養｜專為貓咪協助資訊而設立

我要領養貓｜本社團屬於「領養」性質，提倡「認養代替購買」

福爾摩莎收容所的貓｜會分享各地收容所的小貓、成貓，提供認養

愛貓領養｜貓咪領養社團，歡迎加入送養領養貓

請支持流浪貓 TNR 計畫｜爭取浪貓生存權的 TNR 絕育計畫推廣同好社

APA 中華民國保護動物協會｜台灣第一個成立的動物保護團體

台灣之心 愛護動物協會｜盡最大的力量，投入幫助這些處境危脆的動物

五股動物之家｜買一隻動物，代表收容所裡就有一隻動物失去活下去的機會

香港貓咪領養 HK Cats Adoption｜會分享許多找家貓咪的訊息

貓咪要幸福的家｜有許多等待認養浪貓、浪狗的地方

貓咪幼幼班 ~{ 北部貓咪認養專區 }~｜社團裡有很多愛心中途的貓貓在找家

貓咪送養小屋｜分享待認養的貓咪外，也會定期舉辦送養會

黃阿瑪的後宮生活｜你不知道？趕快加入朕的國度吧！